Mireille Hartmann

Astronomie – ein Kinderspiel.
Planeten, Kometen, Sterne

Mireille Hartmann

Astronomie – ein Kinderspiel. Planeten, Kometen, Sterne

La main à la pâte – Wissenschaft zum Anfassen

Ins Deutsche übertragen von
Gioacchino Di Bernardo und
Eva Hammes-Di Bernardo

Beltz Verlag · Weinheim und Basel

BELTZ

Ihre Wünsche, Kritiken und Fragen richten Sie bitte an:
Verlagsgruppe Beltz, Verlagsbereich Frühpädagogik,
Werderstraße 10, 69469 Weinheim

Titel der französischen Originalausgabe:
Explorer le ciel est un jeu d'enfant

ISBN 3-407-56337-X

1. Auflage 2006

06 07 08 09 10 5 4 3 2 1

Verlagsbereichsleitung: Ulrike Bazlen, Weinheim
Lektorat: Eva Killmann von Unruh, München
Herstellung: Anja Kuhne, Leipzig
Satz: Markus Schmitz, Büro für typographische Dienstleistungen, Münster
Druck und Bindung: Druck Partner Rübelmann, Hemsbach
Umschlaggestaltung: glas ag, Seeheim-Jugenheim
Fotos: siehe Seite 221

Printed in Germany

Weitere Informationen finden Sie im Internet unter
www.beltz.de und www.kleinundgross.de

Ich möchte meine ganze Dankbarkeit Pierre Léna für seine herzliche Unterstützung und seine sehr wertvollen Ratschläge während der Korrektur des Manuskriptes und Yves Quéré für seine herzliche Unterstützung ausdrücken. Ich bedanke mich ebenfalls bei Mourad Cherfi und Élie Granata, Mitglieder der „Société Astronomique de France", für ihre freundschaftliche Zusammenarbeit und ihren Enthusiasmus, bei Marie-Thérèse Buffenoir und Frédéric Arsonneau vom Astronomieclub „Bernard Lyot", denen ich die schönsten Jahre meiner Lehrerkarriere verdanke. Und letztendlich ein Dankeschön an alle meine „dreikäsehohen Mitarbeiter".

Liebe Leserin, lieber Leser,

im Rahmen einer Fortbildung zum Thema „Naturwissenschaften im Kindergarten“ hatte Mireille Hartmann ihre Arbeit und das Buch „Astronomie – ein Kinderspiel. Planeten, Kometen, Sterne“ zum ersten Mal in französischer Sprache vorgestellt. Die anfänglich skeptischen Blicke der Erzieher, die sehr an der Umsetzbarkeit eines solchen Themas im Kindergarten zweifelten, wurden schnell abgelöst durch Staunen und die überzeugte Äußerung: „Das ist ja fantastisch, sich mit den Kindern dem Thema auf diese Weise zu nähern. Das ist für mich eine echte Herausforderung, der ich mich stellen will! Den Text lesen und selbst neue Aspekte verstehen, ihn für die eigene Arbeit nutzen, Angebote entwickeln, sich mit den Kindern zusammen auf den Weg zu neuen Fragen und zum Verstehen machen … klasse!“

Mireille Hartmann hat es verstanden, die ganze Emotionalität in der Auseinandersetzung mit dieser nicht alltäglichen Thematik, der oft der Nimbus des Unverständlichen anhaftet, in einen sehr persönlichen, mitreißenden Stil zu bringen. In einer bescheidenen, niemals wissenschaftlich abgehobenen Art bringt sie die eigene Faszination sowohl bezüglich des Themas als auch des Interesses, der Begeisterung, des Wissensdurstes und der unerschöpflichen Energien der Kinder beim Suchen und Finden von Antworten zu Papier. Dabei stellt sie immer wieder das Suchen zusammen mit den Kindern in den Mittelpunkt, macht liebevoll auf die besonderen Bedürfnisse der jungen Forscher aufmerksam, rät konsequent von schnellen Antworten ab.

Wir haben versucht, diesen Stil weitgehend zu bewahren, auch wenn er manchmal vielleicht nicht den Vorgaben eines klassischen Lehr- und Handbuches entspricht. Hierzu gehörte es für uns auch, alle geografischen, sozialen und kulturellen Angaben, die sich direkt auf Frankreich beziehen, das Ursprungsland dieses

Buches, beizubehalten. Dank der fast gleichen geografischen Lage können sämtliche Angaben problemlos auf Deutschland übertragen werden. Vorab einige grundlegende Informationen, die vielleicht dazu beitragen können, dass die Lektüre des Buches und die Arbeit mit ihm nicht nur zu einem Ausflug in die Welt der Wissenschaften und den Weltraum werden, sondern ein interkulturelles Abenteuer:

Die École Maternelle ist die klassische französische Vorschuleinrichtung für Kinder im Alter von drei bis sechs Jahren, seit einiger Zeit bereits ab zweieinhalb Jahren. Sie gehört seit fast 150 Jahren zum Schulsystem und untersteht dem nationalen Bildungsministerium. Kinder haben ab dem dritten Lebensjahr Anspruch auf einen Platz. Die École Maternelle ist eine Bildungseinrichtung, die auch die Aufgabe der Erziehung hat. Beide Aufgaben werden im französischen System als untrennbar voneinander gesehen, was der alleinige Begriff „éducation" für Bildung und Erziehung deutlich macht. Es gibt ein nationales Bildungsprogramm, das ein besonderes Augenmerk auf den Übergang vom Vorschul- in den Grundschulbereich legt. Die Kinder besuchen altershomogene Klassen mit einem festen Lehrer pro Jahr, der aber mit jeder Klasse wechseln kann. Das Fachpersonal wird seit geraumer Zeit am universitären Lehrerseminar ausgebildet. Das Fachstudium beträgt zwei Jahre nach einem mindestens dreijährigen Grundstudium und spezialisiert die Lehrer sowohl für den Vorschul- als für den Grundschulbereich. Die École Maternelle verfügt als schulische Einrichtung über einen festen Zeitplan mit einer Öffnungszeit von 26 Stunden wöchentlich. Die Kinder müssen bis spätestens 8.30 Uhr in der Einrichtung sein und können erst nach Abschluss des „Vormittagsunterrichts" abgeholt werden, das Gleiche gilt für den Nachmittag. Die meisten Schulen haben mittwochs geschlossen, sind dafür aber am Samstagvormittag geöffnet. Die Ferienschließzeiten sind wie bei allen öffentlichen Schulen: neben den zweimonatigen Sommerferien schließt die École Maternelle nach jeweils sieben Wochen Unterricht für zwei Wochen, wodurch sich noch einmal Ferien im Herbst, an Weihnachten, Karneval und Ostern ergeben. Für die Öffnungsrandzeiten und die Ferien bieten die Städte und Gemeinden Kindertagesstätten an, in denen die Kinder auch essen können und die sehr familienorientiert geöffnet sind (da sehr viele Frauen in Frankreich berufstätig sind, findet man auch Öffnungszeiten bis 21 Uhr). Diese „Halte garderie“ sind öffentliche oder private Einrichtungen, die nicht zum Schulsystem gehören, mit der Schule aber sehr eng zusammenarbeiten, oft sogar im gleichen Gebäude sind (weitere Informationen: www.saarland-nancy-metz.saarland.de – ein Portal, das unter dem Link „Bildung“ auch das französische Vorschulsystem vorstellt).

Für den allgemeinen Sprachgebrauch haben wir uns entschieden, die im Buch erwähnten Erwachsenen immer als Erzieher und die Schüler (im Alter von 3 bis 11 Jahren) als Kinder zu bezeichnen. Da das Buch sich sowohl an die Vor- als auch an die Grundschule richtet und beide Institutionen in Frankreich im Gegensatz zu Deutschland zum Schulsystem gehören, überwiegt im Originaltext eine entsprechende Terminologie: Mireille Hartmann spricht meist von Lehrern, Schülern und Klassenräumen. Wir haben den Text hier an die Lesart des deutschen Publikums angepasst, vor allem an die Zielgruppe der pädagogischen Fachkräfte im Kindergarten.

Die Herausgabe dieses Buches in deutscher Sprache war nicht nur ein faszinierendes Abenteuer, sondern auch eine Herausforderung: den persönlichen ebenso wie den pädagogischen Stil zu wahren und dennoch in der Optik eines deutschsprachigen Lesers zu bleiben. Vielleicht erscheint es dem deutschen Leser befremdlich, in einem Lehrbuch persönlich mit „Sie“ angesprochen zu werden, doch gerade dieser Aspekt macht in unseren Augen die persönliche Note des Textes und auch seine emotionale Tiefe aus: Die Autorin sucht wirklich die direkte Auseinandersetzung mit dem Leser, spricht ihn an und überlässt ihn nicht einfach nur theoretischen Überlegungen oder nüchternen Arbeitsanweisungen. So können Sie nicht nur für sich und mit den Kindern zusammen das Weltall entdecken, sondern auch eine neue interkulturelle Erfahrung in sehr verschiedenen Bereichen machen: Pädagogik, Didaktik, Methodik, Linguistik, Naturwissenschaften, Wertvorstellungen … Mireille Hartmann hätte für dieses Buch, diese Reise durch das Universum, kein besseres Schlusswort finden können als das Zitat des Astronauten Edgar Mitchell: „Auf meiner Rückreise, zu den Sternen und diesem Planeten schauend, von dem ich kam, (…) habe ich plötzlich gespürt, dass das Universum Intelligenz, Harmonie und Liebe ist."

Und wir sind Teil dieses Universum: Ob Sie im Kindergarten oder in der Grundschule arbeiten oder die Thematik einfach nur interessant finden – gehen Sie mit auf diese interstellare Reise, lassen Sie sich von der Faszination anstecken.

Übersetzer & Verlag

Inhalt

Vorwort

Wer wie ich das Glück gehabt hat, Mireille Hartmann in einer Klasse der École Maternelle (die École Maternelle ist die Vorschuleinrichtung in staatlicher oder privater Trägerschaft in Frankreich; sie nimmt Kinder im Alter von 2,5 bis 6 Jahren auf; das dort arbeitende pädagogische Fachpersonal hat eine universitäre Ausbildung zum „Lehrer für Vor- und Grundschulen"; Anm. d. Ü.) zu sehen und zu hören, wie sie mit ihrer gleichzeitig intensiven und fröhlichen Art die Kinder gefangen nahm, indem sie ihnen von der Sonne und dem Mond erzählte, vom Tag und der Nacht, wie sie ihnen in einem abgedunkelten Raum einen mit einem Scheinwerfer erhellten Erball in seiner Umdrehung zeigte, ihre Fragen hörte, Bemerkungen herausforderte …, derjenige weiß, dass sie, schon Jahre bevor man davon sprach, mit viel Talent die „Wissenschaft zum Anfassen" praktizierte; derjenige kann bezeugen, dass sie verstanden hat, was die Astronomie ist und welche Kraft, Neues heraufzubeschwören und zu lernen, man aus ihr schöpfen kann. Derjenige weiß auch, welches Geschick sie hat, sich den Kindern zuzuwenden, welches Talent, sie auf die Astronomie neugierig zu machen und welche Fähigkeit, Erziehern und Lehrern zu helfen, diese spannende Materie zu unterrichten.

Wir müssen uns darüber freuen, in unseren Kindergärten und Schulen ein Buch wie dieses zur Verfügung zu haben. In seinen drei Teilen nimmt Mireille Hartmann das Kind mit zur Entdeckung der Planeten, der Kometen, der Sterne, das heißt des ganzen nächtlichen Himmels, außer dem Mond, der zusammen mit der Sonne und der Erde schon Gegenstand von „Astronomie – ein Kinderspiel. Sonne, Erde, Mond" war, dem vorherigen Band. Dass das Kind hier zu lernen, zu beobachten, zu staunen hat …, darüber gibt es keinen Zweifel. Aber sein Kontakt mit der Astronomie gibt ihm noch mehr: Sie stellt die Beziehung zu seinen

Vorfahren her. Diese haben gestern den Himmel mit Leidenschaft angeschaut, den Himmel, den das Kind heute betrachtet und der durch die gleiche Leidenschaft eine Verbindung zu ihnen herstellt, indem er es zu einem stummen Zwiegespräch mit ihnen einlädt. Vor uns haben sie gedacht, gesehen, beobachtet, meditiert, bewundert, gebetet, geliebt, gearbeitet, erschaffen, gesungen …, und sie haben es möglich gemacht, dass wir das sind, was wir sind. Dadurch erinnert uns der Himmel daran, dass wir nicht handeln können, als wären wir Neuankömmlinge auf der Erde. Dadurch lädt er uns auch gleichzeitig ein, über unsere Nachkommen nachzudenken und unserer großen Verpflichtung nachzukommen, ihnen unseren Planeten in einem bewohnbaren Zustand zu überlassen. Die Astronomie lehrt uns gleichzeitig die Meditation und die Ökologie.

Aber als Wissenschaft geht die Astronomie noch weiter: Sie lehrt uns die Bescheidenheit. Das ist nämlich ein häufiges Charakteristikum der Geschichte der Wissenschaften: Sie lässt uns einen neuen Gegenstand oder ein neues Phänomen entdecken, gewiss, bringt uns in unserem Wissen weiter, doch steigert sie auch unsere Unwissenheit. Oder genauer gesagt ermöglicht sie es, dass wir uns unserer Unwissenheit, von der wir bisher nichts wussten, bewusst werden. Ein Beispiel von vielen: die Planeten, ein sehr altes Thema und auch ganz neues Thema.

Sehr alt, so alt wie die ersten Blicke des Menschen zum Sternenhimmel. Auf dessen Hintergrund sah der Mensch seltsame Lichtobjekte kreisen – oder, wie die alten Griechen sagten, „herumirren" –, Lichtobjekte, die sich weigerten, den majestätischen Umlaufbahnen der nächtlichen Sternbilder zu folgen. So alt wie die ersten methodischen Beobachtungen des Himmels, so alt wie die zahlreichen Versuchsreihen, die es in der Renaissance dem Menschen erlaubten, eines der schönsten Kapitel der Wissenschaften zu schreiben.

Aber auch ganz neu, denn erst vor kurzem, im Jahre 1995, hat man unleugbar die Existenz von Planeten außerhalb unseres Sonnensystems entdeckt. Diese Existenz war seit langem als möglich erachtet worden. Doch dass dies zur Selbstverständlichkeit wird (man kennt momentan über fünfzig von ihnen), wird eines der nachhaltigsten wissenschaftlichen Ereignisse des Endes des gerade vergangenen Jahrhunderts sein, indem es vor allem die faszinierende Frage nach außerirdischem Leben wieder aufwirft.

Doch kaum entdeckt, stellen diese neuen Planeten den Spezialisten der Himmelsmechanik ein unerwartetes Rätsel. Man glaubte nämlich, dank der Kenntnis unseres Sonnensystems, in groben Zügen die Zusammenstellung der Planeten verstanden zu haben: Insbesondere schien es erwiesen, dass kleine Planeten sich in der Nähe des Sterns befinden, größere ihre Umlaufbahn in weiterem Abstand ziehen. Doch scheint es, dass viele der kürzlich entdeckten großen Planeten sich im Gegenteil sehr nahe an ihrer Sonne befinden! Man muss also wieder fast bei Null anfangen …

Für die kommenden Jahre ist es somit mehr als wahrscheinlich, dass man viel von Planeten sprechen wird (in Zeitungen, im Radio, im Fernsehen …), doch auch von Kometen, Sternen und Galaxien: Unsere Kinder müssen auf dieses ständig erneuerte Interesse vorbereitet sein. Es ist gut, dass sie sich mit unseren nächsten Nachbarn vertraut machen, bevor sie von den weit entfernten träumen. Gut auch, dass sie etwas über die Größenordnungen der Zeit und der Entfernungen lernen, in denen wir uns befinden. Gut auch, dass sie in Kindergarten und Schule einige einfache Versuche zum Licht durchführen, dieses nicht greifbare aber wesentliche Vehikel des Wissens und der Kommunikation.

Das Buch von Mireille Hartmann wird Ihnen helfen, einen aufmerksamen Blick auf die Welt zu werfen.

Yves Quéré
Physiker
Mitglied der Akademie der Wissenschaften

Einführung

Wie kann man als Mensch leben,
stehend und bewusst,
ohne sich ein Bild vom Universum
zu machen,
das uns umgibt?

PIERRE LÉNA

Wort gehalten!

In der Einleitung meines ersten Buches „Astronomie – ein Kinderspiel“, das sich auf die Trilogie Sonne, Erde, Mond bezieht, habe ich zu verstehen gegeben, dass ich eines Tages von den anderen Wundern unseres Universums sprechen müsste. Und davon, wie man kleine Kinder dazu bringt, sie zu entdecken … Gesagt, getan! Als ein vom ersten Band unabhängiges Ganzes stellt dieses Buch eine zweite Trilogie dar: Planeten, Kometen, Sterne, die die erste ergänzt.

Im ersten Kapitel kehre ich zur Sonne, der Erde und dem Mond innerhalb des Sonnensystems zurück. Dieses große Karussell setzt sich aus einem zentralen Stern, der Sonne, und aus neun Planeten zusammen, die um ihn kreisen. Sehr ungleiche Planeten: kleine, große, riesige, die einen bestehen aus Gestein, die anderen aus Gas, einige haben Ringe. Die Mehrzahl dieser neun Sonnengefährten haben selbst eine Anzahl an Monden, die nicht weniger unterschiedlich sind: kleine staubige und von Löchern durchsiebte Gestirne kontrastieren mit glatten und eisigen, oder sind im Gegensatz dazu von Lava bedeckt, die von sehr aktiven Vulkanen ausgestoßen wird. Wieder andere haben eine Atmosphäre, die sie zwar vor dem Blick der Erdenbürger versteckt, nicht aber vor dem indiskreten Blick der interplanetarischen Sonden, die sie besuchen kommen …

Im zweiten Kapitel erinnere ich an die früher so gefürchteten, heute aber erwarteten Kometen, diese schönen unermüdlichen Reisenden. Aus den Tiefen der Zeit und von den Grenzen des Sonnensystems kommend, tauchen einige in regelmäßigen Abständen an unserem Himmel auf, wie der berühmte Komet Halley. Andere, bisher unbekannt und oft von einfachen Amateurastronomen entdeckt, erweisen uns wie der Komet Hale-Bopp die Ehre, uns einige Wochen zu besuchen, bevor sie wieder auf eine Reise gehen, die mehrere tausend Jahre dauern kann. Dabei ziehen sie mit einem langen durchsichtigen Schweif durch den Raum, säen eine Myriade von Staub hinter sich. Manchmal beenden sie ihre Karriere mit einem krönenden Höhepunkt: Sie dringen in die Erdatmosphäre ein, werden zu Sternschnuppen in klaren Nächten.

Das dritte Kapitel erinnert letztendlich an die Pracht des Sternengewölbes. Zuerst kommen die Sternbilder, Figuren und Tierkreiszeichen, die zu antiken Sagen inspirieren, von Sternen in unglaublicher Vielfalt in den nächtlichen Himmel gezeichnet. Denn die Sterne gibt es in allen Farben und Größen, einzelgängerisch manchmal wie unsere Sonne, oft Paare, Trios oder kleine Gruppen bildend oder in großen Kugelhaufen treibend. Und dann noch die Galaxien, Lichtinseln im kosmischen Ozean, die sich jeweils aus einigen zig- bis zu hunderten von Millionen Sternen zusammensetzen! Diejenigen, die der unseren ähneln, mit Abstand die schönsten, besitzen Spiralarme, die sich aus langen Gas- und Staubwolken verdoppeln. Hier werden die neuen Sterne und ihr Planetenhof „geboren", in diesem wichtigen Mutterboden, der seit fünfzehn Milliarden Jahren durch das Saatgut der vorangegangenen Sternengenerationen angereichert wird. Die Entstehung des Lebens ist das Ergebnis dieses langen und geduldigen Prozesses, und wir selbst sind in gewisser Hinsicht durch unsere irdische Abstammung „Kinder" dieser Sterne. Aus diesem Grund empfindet der Mensch, der seit Anbeginn der Zeit seinen Platz im Universum sucht, gleichzeitig Entzücken und Demut vor der Unermesslichkeit des Kosmos …

Eine Himmelswanderung für die Kinder

Aber wie kann man ein solches Thema, das bisher den Älteren vorbehalten war, unseren lieben hellen Köpfchen näher bringen? Nichts einfacher als das, vorausgesetzt, dass Sie zulassen, dass die Astronomie, ähnlich wie eine Gebirgslandschaft, über verschiedene Wege entdeckt werden kann. Überlassen wir die verschlungenen Pfade der Mathematik und andere steile Wege den Spezialisten und schlagen wir mit den Kindern fröhliche Pfade ein, die sanft in der Hanglage ansteigen: die Pfade der Beobachtung mit bloßem Auge oder mit dem Fernglas (man kann – wie unsere Vorfahren – sehr gut auf ein Teleskop verzichten!), die Pfade der Simulation mit Hilfe einfacher Vorlagen oder mit den Kindern selbst, die begeistert sind, für diesen Umstand Schauspieler zu werden. Aber vergessen wir vor allem nicht, nach jeder Etappe eine Pause zu machen, um ein bisschen zu träumen … Setzen wir uns zum Beispiel in ein Raumschiff und los geht die große Fahrt zu den Gipfeln des Vorstellungsvermögens! Sie werden sehen, wie sehr sie sowohl die intellektuellen als auch schöpferischen Fähigkeiten der zukünftigen Raumfahrer anregt!

Für Sie, eine Marschroute nach Maß

Sie meinen, dass Ihre Kenntnisse in Astronomie nicht ausreichend sind? Nehmen Sie sich die Anfänge der drei Kapitel vor, wo einige einführende Seiten für Sie bestimmt sind. So werden Sie unschlagbar in den Themenbereichen, die Sie mit den Kindern angehen werden. (Passen Sie jedoch auf, dass die Kinder Sie nicht überholen: Sie haben ein solches Gedächtnis, dass sie sich schnell einige Fakten vor Ihnen angeeignet haben!)

Fehlt es Ihnen an Dokumentation? Die Stadtbibliotheken sind da, um sie Ihnen zu liefern (schauen Sie sich am besten Astronomiebücher in der Kinderbibliothek an; Sie werden die Qual der Wahl haben). Vergessen Sie nicht die Zeitschriften und das Internet mit seinen Datenbanken für Bilder aus dem Weltall (➛ S. 221).

Sie sind Anhänger einer Interdisziplinarität im weitesten Sinne? Das trifft sich gut, denn die Astronomie umfasst zahlreiche Bereiche: Ich habe Ihnen eine hübsche Stichprobensammlung mit verschiedenen Angeboten zusammengestellt. Bezüglich der reinen Wissenschaften beschreibe ich, wie man Beobachtungen vor Ort durchführt, wenn dies möglich ist. Beobachtungen, die ergänzt – oder falls sie nicht klappen –, ersetzt werden können durch das Studium von Dokumenten. Was den mündlichen Ausdruck betrifft, zeige ich, wie die Kommunikation bei Kindern aufgebaut, entwickelt und verbessert werden kann, wenn man sie dazu bringt, das, was sie sehen, zu beschreiben und zu interpretieren. In Bezug auf das Lesen lernen geschieht dies zum Beispiel durch das Anschauen von Dokumenten: Die Kinder müssen Wörter erkennen, die einen Sinn für sie haben, wie zum Beispiel die Namen von Planeten in den Bildunterschriften. Aber das ist noch nicht alles: Entgegen jeder Erwartung werden Sie Ihre Kinder über den Umweg des einfachen und spielerischen Angebotes in die Himmelsmechanik einführen! (Mehr sage ich vorerst nicht, es soll eine Überraschung bleiben …) Was die Vorstellungskraft und die Kreativität betrifft – an die man nicht oft genug denkt –, werden Sie nur die Qual der Wahl haben angesichts der Fülle der umsetzbaren Ideen.

Sie haben nur wenig Zeit für diese Art von Angeboten? Daran muss es nicht scheitern: Alle drei Kapitel sind in sich abgeschlossen, einige der Unterthemen können sogar einzeln behandelt werden. Da die Qualität der Quantität vorgezogen wird, werden Sie sehen, dass die Kinder auch aus „drei Mal Nichts“ Nutzen ziehen, aus dem, was sie werden machen können (und wer weiß, vielleicht veranlassen Sie deren Enthusiasmus und die positiven Ergebnisse der Sache etwas mehr Zeit zu widmen …). Außerdem habe ich, um Ihnen die Aufgabe leichter zu machen, Kopiervorlagen für Arbeitsblätter zu den wichtigsten Themen vorbereitet (➛ S. 202 ff.). Diese Arbeitsblätter kommen in die individuellen Arbeitstagebücher der Kinder, in denen auch ihre anderen Arbeiten und Bilder gesammelt werden. Die Kinder sind immer sehr stolz auf diese Tagebücher und heben sie jahrelang auf: Ich kenne sogar Erwachsene, die sie noch in ihrem Besitz haben.

Meine Erinnerung an staunende Kinder …

Sie werden es schon verstanden haben, während Sie gerade meine Gedanken lesen: Diesem Buch liegt eine wahre „Pädagogik des Staunens“ zugrunde. Das sticht schon durch die fröhlichen und bunten Zeichnungen ins Auge, die Sie auf den folgenden Seiten finden. Leicht kann man sich deren Schöpfer in voller Aktion vorstellen: Sie beginnen damit, Fragen zu stellen, sie beobachten, sie entdecken, sie staunen, bewundern, und plötzlich jubeln sie. Ihre kleinen Hände wuseln eifrig hin und her, sie machen Versuche, handeln, erfinden, schaffen Neues, ihr Lächeln wird manchmal etwas träumerisch, während ihr Blick sich in einer stillen Betrachtung verliert …

Die Erinnerung an meine jungen Schüler, die über eine winzige Kleinigkeit staunen, hat mir die Gewissheit gegeben: Eine solche Pädagogik kennt nicht ihresgleichen, um die Kinder zu verführen und in ihnen ihr Bestes zu wecken, egal aus welchem familiären Umfeld sie kommen, welche Gewohnheiten sie haben, welche Vergangenheit. Sie bietet ihnen tausend Möglichkeiten, die jeder nutzt, je nach Lust und Voraussetzungen. Tausend Möglichkeiten, die dazu beitragen, eine stärkere Persönlichkeit aufzubauen, und die es erlauben, harmonischere Beziehungen mit anderen zu knüpfen: Jeder, hervorgehoben durch seine ihm eigenen Talente, fühlt sich einzigartig und unersetzlich.

Ich kenne keine größere Freude … – als Kinder staunen zu sehen.

Die Planeten

Planeten, herumirrende Punkte,
Die man nicht greifen konnte,
Galileo beobachtete,
wie eure Scheiben runder wurden.
Als erster sah er,
während seiner nächtlichen Arbeit,
in seiner Dreigestalt erscheinen Saturn.
Er war der Erste, der bei ihr, Venus,
die Veränderungen sah,

ihre Phasen, ihre Rundungen,
das Strahlen ihrer Sicheln.
Er hat euch alle vier gesehen,
ihr treuen Trabanten,
Jupiter folgend,
auf vorgegebenen Wegen.
Erde, er nimmt deine Bewegung wahr,
und sein Blick folgt dir, zwischen Mars
und Venus, in die Ferne.

Gudin de la Brunellerie
Die Astronomie

Eine kurze Einführung

Die folgenden Seiten bieten eine sanfte Einführung in die Thematik an. Sie werden es Ihnen erlauben, Begriffe zu kennen und Grundkenntnisse zu bekommen, dank derer Sie sich bei der Durchführung der vorgeschlagenen Angebote sicher fühlen: Also, nicht mehr zögern. Folgen Sie uns auf die große interplanetarische Reise!

Jeder oder fast jeder weiß, dass die Erde zu einer Gruppe von Planeten gehört, die um die Sonne ziehen. Selbst wenn wir mit Leichtigkeit die Namen einiger dieser Planeten kennen, können wir sie auch in der richtigen Reihenfolge aufzählen? Hier ein hilfreicher Trick für die Erinnerung. Im folgenden Satz entspricht der Anfangsbuchstabe jedes Wortes dem jeweiligen Anfangsbuchstaben des Planetennamen: **M**eistens **v**erdrücken **E**lfen **M**üsli, **J**oghurt, **S**ahne **u**nd **n**och **P**lätzchen (➛ S. 27).

Um Ihre Antworten zu überprüfen oder zu ergänzen, holen wir etwas weiter aus. Diese neun Planeten besitzen ihre eigene Gefolgschaft an kleinen Himmelskörpern: Das sind ihre natürlichen Trabanten, ihre „Monde“ in gewissem Sinne. Die Gesamtheit von Sonne/Planeten/Trabanten bilden ein Planetensystem, genannt Sonnensystem nach seinem zentralen Element, der Sonne, die ein Stern ist. Aus einer historischen Perspektive spricht man auch von einem geozentrischen System und später dann von einem heliozentrischen System. Worum handelt es sich hier genau?

Im christlichen Westen sprach man bis in eine noch gar nicht allzu lange zurückliegende Epoche (Anfang des XVII. Jahrhunderts) von der Erde als dem Zentrum des Universums, denn in der Tat sehen wir von der Erde aus die Sonne, den Mond, die Planeten und die Sterne, wie sie um uns wandern. Dieses als geozentrisch bezeichnete System (aus dem Griechischen gê = Boden, Erde) zählte nur sechs Planeten; die drei Entferntesten, für das bloße Augen nicht sichtbaren, waren noch nicht entdeckt. Die Planeten wurden wie herumirrende Himmelskörper wahrgenommen, die sich zwischen der Erde und dem Sternengewölbe bewegten (Planet im Griechischen bedeutet Streuner, Vagabund). Dieses Gewölbe, belebt durch eine leichte Rotationsbewegung, wurde Sphäre der Fixsterne genannt, denn die Sterne bildeten darin scheinbar unbewegliche Bilder (➛ Abb., S. 25, die durch alte Grafiken inspiriert wurde). Dieses System war im Zweiten Jahrhundert unserer Zeitrechnung durch den Griechen Ptolomäus so festgelegt worden, ausgehend von solch genialen Berechnungstabellen, dass sie noch zehn Jahrhunderte später eine Referenz für alle Astronome waren!

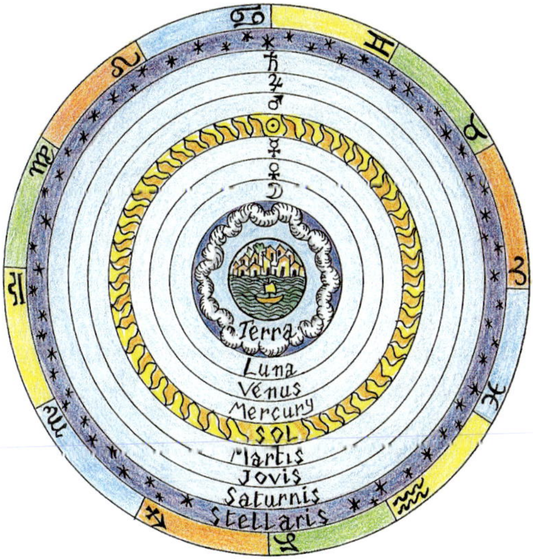

Jedoch traute sich eines schönen Tages im Jahre 1543 in Polen ein gewisser Kopernikus zu behaupten, die Sonne stände im Zentrum der Welt … Diese Konzeption eines heliozentrischen Systems (aus dem Griechischen: Helio = Sonne) war ungemein revolutionär und stieß unseren Planeten – und somit auch den Menschen selbst – von seinem privilegierten Thron im Zentrum des Universums … Es mussten noch einige Jahrzehnte vergehen, einige Konflikte mit den kirchlichen Autoritäten ausgetragen werden (erinnern Sie sich an den berühmten Satz von Galileo Galilei in Bezug auf die Erde: „Und sie dreht sich doch!"), bevor das Kopernikanische System sich dank der Nutzung von astronomischen Fernrohren durchsetzen konnte. Zwei Jahrhunderte später, durch die Beobachtung der Tiefen des Himmels mit dem enormen Teleskop des englischen Astronomen Herschel, war die Sonne an der Reihe, ihren zentralen Platz aufzugeben; ja, sie wurde sogar zum einfachen Stern in der Masse der Milliarden von Sternen in unserer Galaxie …

Der Sonnenkönig und seine Gefolgschaft

So banal dies erscheinen mag, ist die Sonne nichts anderes als eine gigantische Kugel glühenden Gases. Ihr Durchmesser entspricht fast 110 Mal dem eines Planeten wie dem unsrigen und sein Volumen würde ihn eine Million Mal aufnehmen können! Wechseln wir den Parameter, ist ein anderer, amüsanterer Vergleich möglich: Würde die Sonne in einen großen Eimer passen, dann hätten alle Planeten zusammen mit ihren Monden bequem in einem Kaffeelöffelchen Platz!

Die Sonne setzt sich aus Wasserstoff zusammen, der sich in Folge thermonuklearer Reaktionen, die auf ihr stattfinden, stufenweise in Helium verwandelt. Die beträchtliche, hierbei freigesetzte Energie strahlt weit über das Sonnensystem hinaus. Mit seiner im Vergleich mit anderen sehr durchschnittlichen Masse ist sein Status als „banaler" Stern für uns, die wir ihm unsere eigene Existenz verdanken, dennoch ein Glück. In der Tat hätte eine Sonne im gleichen Abstand aber mit weniger Masse nicht die notwendige Energie ausstrahlen können, damit das Leben auf unserem Planeten hätte entstehen können; eine Sonne mit wesentlich mehr

Masse hätte paradoxerweise ihre Brennmasse zu schnell aufgebraucht und ihre „Langlebigkeit“ hätte nicht ausgereicht, um das Entstehen von Lebewesen zu erlauben. Die Dauer des „aktiven Lebens“ unseres wertvollen Sterns wird auf mehrere Zig-Milliarden Jahre geschätzt. Damit können unsere zukünftigen Urenkel beruhigt sein: Die Sonne hat nicht einmal die Hälfte ihrer Lebensdauer erreicht …

Auf ihrer Oberfläche herrscht eine Temperatur von 6000 °C, was relativ wenig ist im Vergleich zu den fünfzehn Millionen Grad in ihrem Inneren! In Folge einer sehr großen Ausdehnung scheint die Oberfläche eine uneinheitliche Körnung zu haben. Hierbei gibt es dunklere Flächen, die Sonnenflecken genannt werden, aus denen manchmal riesige Materiegeysire ausgeschleudert werden, die Protuberanzen, die in majestätischen Bögen wieder herunterfallen. Aufnahmen, die an mehreren aufeinanderfolgenden Tagen gemacht werden, zeigen eine allgemeine Verschiebung dieser Flecken, ein Beweis dafür, dass der Himmelskörper sich langsam um sich dreht. Er ist komplett von einem nicht klar begrenzten Bereich umgeben, der Korona, die während einer totalen Sonnenfinsternis sichtbar ist: Es handelt sich dabei um verdünntes Gas, das allerdings eine höhere Temperatur hat als die Oberfläche der Sonnenkugel.

Unsere Sonne wird von neun Planeten begleitet, die alle den Namen einer antiken Gottheit tragen: Merkur, der geflügelte Bote der Götter; Venus, die Göttin der Schönheit und der Liebe; die Erde, mit altem Namen Gaia, die Muttergöttin; Mars, der Gott des Krieges; Jupiter, der Meister der Götter; Saturn, der Gott der Zeit; Uranus, mit altem Namen Ouranos, der Gott des Himmels, Gatte der Gaia; Neptun, der Gott des Meeres; Pluto, der Gott der Hölle. Auf Seite 31 sind diese Planeten in ihrer Anordnung von der Sonne ausgehend unter Berücksichtigung der Maßstäbe dargestellt. Mit der Zeichnung können die sehr feinen Ringe um einige von ihnen, die auf den Fotos nicht zu sehen sind, sichtbar gemacht werden.

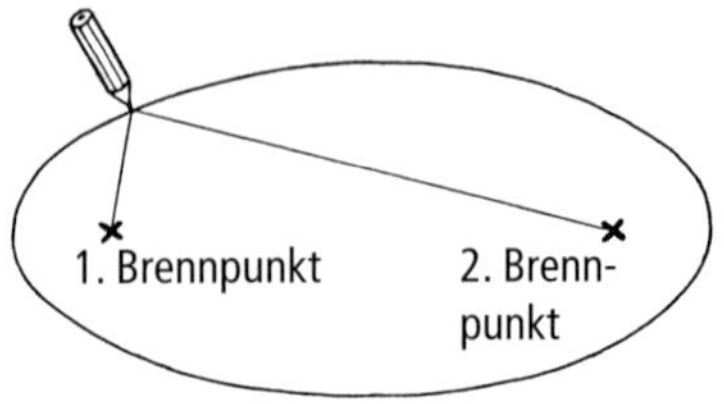

Beliebige Ellipse

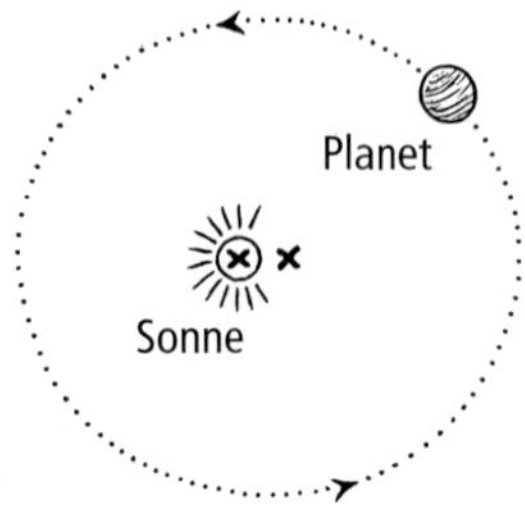

Ellipse der Planetenumlaufbahn

Diese Himmelskörper wandern mit Ausnahme von Pluto auf einer gleichen Ebene, Ekliptik genannt, auf Umlaufbahnen in Form einer Ellipse (die so schwach oval ist, dass sie fast rund erscheint), deren einer Mittelpunkt die Sonne ist (➛ Abb., S. 28). Die am weitesten Entfernten befinden sich in einem beachtlichen Abstand zu Sonne: Nimmt man als Maßeinheit den Abstand Erde – Sonne, astronomische Einheit (1 AE entspricht etwa 150 Millionen km) genannt, befindet sich Pluto, der letzte Planet, etwa 40 Mal weiter entfernt. Merkur, der nächstgelegene Planet, zieht seine Bahn in einem Abstand um die Sonne, der dreimal kürzer ist als der Abstand zwischen Erde und Sonne.

Zu diesen unterschiedlichen Abständen kommt eine Vielzahl an Größen, äußeren Erscheinungsbildern und Zusammensetzungen hinzu. Diese „Begleiter der Sonne“ bilden zwei unterschiedliche Gruppen: die tellurischen Planeten, in ihrer Zusammensetzung der Erde ähnlich, die kleinsten und nahegelegensten (außer Pluto), zu denen Merkur, Venus, die Erde, Mars und Pluto gehören, sowie die gasförmigen Planeten, die vor allem aus Wasserstoff und Helium bestehen, Riesen, die über Ringe verfügen und zu denen Jupiter, Saturn, Uranus und Neptun zählen. In der Tabelle (➛ S. 29) werden die Haupteigenschaften aufgezählt.

Planeten	Äquatordurchmesser (in km)	Abstand zur Sonne (in km)
Merkur	4800	58000000
Venus	12200	110000000
Erde	12750	150000000
Mars	6700	230000000
Jupiter	143000	780000000
Saturn	122000	1400000000
Uranus	52000	2900000000
Neptun	48000	4500000000
Pluto	4000	5900000000

Merkur

Viel kleiner als die Erde – der Merkur misst nur etwas mehr als ein Drittel ihres Durchmessers – ähnelt sein äußeres Erscheinungsbild sehr dem unseres Mondes: Man bemerkt zahlreiche Krater und Einschläge von ehemaligen Kollisionen des Planeten mit anderen Himmelskörpern kurz nach seiner Entstehung. Eine andere Gemeinsamkeit mit dem Mond ist, dass auch Merkur seine Atmosphäre wegen nicht ausreichender Schwerkraft – bedingt durch seine zu kleine Masse – nicht bewahren konnte. Nahe an der Sonne umrundet er sie fröhlich in 88 Tagen, doch dreht er sich so langsam um sich selbst, dass sein „Tag“ zweimal so lang ist wie sein „Jahr“! Außerdem ist es eiskalt auf der Nachtseite und höllisch heiß auf der Tagseite, mit Temperaturunterschieden von etwa 600 °C … Da Merkur näher an der Sonne steht als die Erde, nennt man ihn einen inneren Planeten. Wegen seiner Nähe zur Sonne kann man ihn nur schlecht sehen, man muss ihn suchen, indem man in Richtung Sonne schaut – kurz vor Sonnenauf- oder kurz nach Sonnenuntergang. Von 1973 bis 1975 wurde der Merkur von den amerikanischen Raumsonden Mariner überflogen, die zahlreiche Fotos aufgenommen haben.

Venus

Die Venus ist nach dem Mond der hellste Himmelskörper und hat den Beinamen Schäferstern. Doch das ist verwirrend, denn Venus ist kein Stern! Ebenfalls ein innerer Planet, sieht man sie mit ihrer ganzen Kraft scheinen, wenn man in Richtung der aufgehenden oder untergehenden Sonne schaut. Wie der Mond (aber auch Merkur) zeigt sich uns Venus entsprechend ihrer Phasen (➤ Abb., S. 30). Ihr hellstes Erscheinungsbild entspricht der Phase, in der wir sie als eine große Sichel sehen.

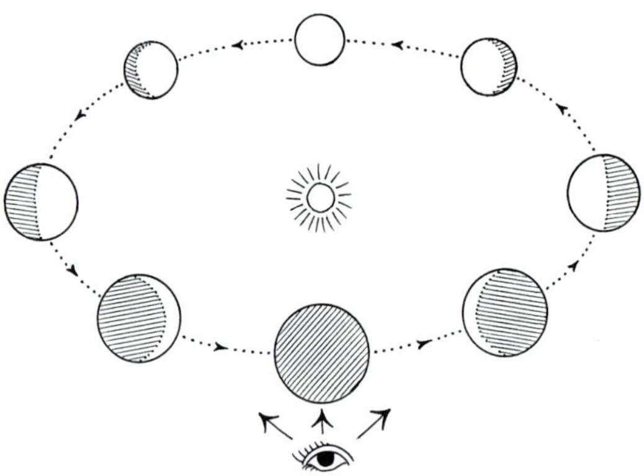

Obwohl wir sie als Zwilling unserer Erde wegen ihrer Größe und ihrer Gesteinszusammensetzung sehen können, gibt es dennoch große Unterschiede. Sie ist von einer Atmosphäre umgeben, die sich aus 96 % Kohlenstoff zusammensetzt; die dicken Schwefelsäurewolken, die sie einhüllen, haben einen Treibhauseffekt, der die Temperaturen auf etwa 500 °C am Boden ansteigen lässt! Auch durch den hohen Druck auf ihrer Oberfläche – 90 Mal höher als auf der Erde – ist sie ebenfalls nicht sehr gastfreundlich für eventuelle Besucher …

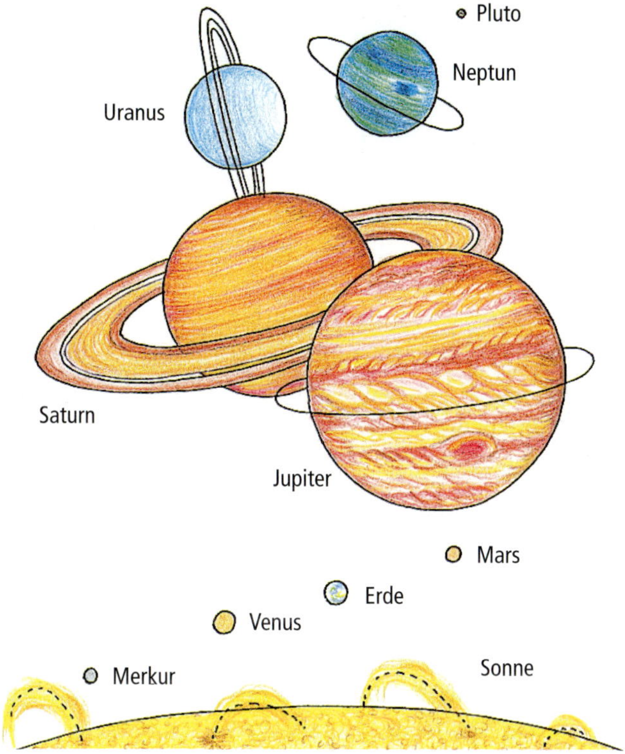

Die Venus benötigt 225 Tage für eine Drehung um die Sonne und etwas mehr, um sich einmal um sich selbst zu drehen: Wie für Merkur ist ihr „Tag" so länger als ihr „Jahr". Es ist festzuhalten, dass sie im Gegensatz zu allen anderen Planeten und der Sonne die seltsame Besonderheit hat, ihre langsame Umdrehung um sich selbst von Osten nach Westen zu vollziehen. Zwischen 1974 und 1989 haben zahlreiche amerikanische und sowjetische Sonden die Venus überflogen und sind sogar manchmal auf ihrer Oberfläche gelandet, wobei sie Fotos aufgenommen oder mit Hilfe von Radar Karten ihres sehr abwechselungsreichen Reliefs angefertigt haben (Gebirge, Ebenen, Einschlagskrater …).

Erde

Allzu oft vergessen wir, dass unser schöner „blauer Planet", der seine Farbe den Ozeanen verdankt, die ihn zu 75 % bedecken, sich genau im richtigen Abstand zur Sonne befindet, um das Wasser an seiner Oberfläche in flüssigem Zustand zu bewahren! Auf den anderen Planeten ist es nur in Form von Eis oder Dampf (oder überhaupt nicht) vorhanden. Ein außergewöhnliches Privileg: Denn dieses Wasser, das nur dann flüssig bleiben kann, wenn der Stern sich in einem thermischen Bereich (zwischen 0 und 100 °C bei atmosphärischem Druck) befindet, hat das Erscheinen dieses außergewöhnlichen Phänomens, das das Leben ist, ermöglicht. Heute beherbergt unser schönes Raumschiff über sechs Milliarden Menschen und eine üppige und artenreiche Fauna und Flora: Alle leben zusammen inmitten der empfindlichen Biosphäre, die den Planeten umgibt, ein durch die feine Schicht der Atmosphäre begrenzter Bereich, den nur die Astronauten im schwachen Licht eines Sonnenuntergangs bewundern können.

Die Erde ist ein Planet in ständiger Entwicklung: Die Erdkruste über dem dicken Mantel der Gesteinsmassen, die den eisenhaltigen Kern einhüllen, ändert sich im Laufe der Zeit. Die langsame Verschiebung der Kontinentalplatten, aus denen sie sich zusammensetzt, der Vulkanismus, die Seismen, aber auch die Erosionen jeder Art gestalten sie ständig neu.

Jeder weiß, dass die Erde sich in 24 Stunden gegenüber der Sonne einmal um sich selbst dreht, und dass sie für ihre Reise um diese 365 Tage und einen Viertel Tag benötigt. Diese Rotation findet um eine Achse statt, die von der Ebene her nicht rechtwinklig ist, sondern einen Winkel von etwa 23 Grad aufweist. Aus dieser Besonderheit resultiert das Auftreten der Jahreszeiten, die in den heißen Zonen und den Polen besonders ausgeprägt sind.

Im Gegensatz zu Merkur und Venus besitzt unser Planet einen natürlichen Trabanten, den Mond, dessen Durchmesser im Vergleich sehr groß ist (er ist etwas größer als ein Viertel des Erddurchmessers): zusammen mit Pluto ein einmaliger Fall im Sonnensystem! Ohne Atmosphäre, ohne flüssiges Wasser, ohne aktiven Vulkanismus, mit seinen dunklen „Basaltmeeren“ und seinen „Kraterkontinenten“ ist er ein kleiner nackter und steriler Himmelskörper. Zusammen mit der Sonne ist er dennoch für das Phänomen der Gezeiten auf der Erde verantwortlich. Indem er sich um uns dreht, sehen wir den Mond mit seinen Phasen (➛ Abb., S. 33), das heißt, wir sehen ihn aus verschiedenen Winkeln erleuchtet während eines Zyklus von etwa 29 Tagen, der Mondumlaufzeit genannt wird. Trotz seines Status als „totes Gestirn“ inspiriert die Schönheit dieses strahlenden Himmelskörpers Künstler, Dichter und Liebhaber des Himmels seit jeher. Der Mensch setzte seinen Fuß zum ersten Mal bei der Mission Apollo auf den Mond: am 21. Juli 1969 …

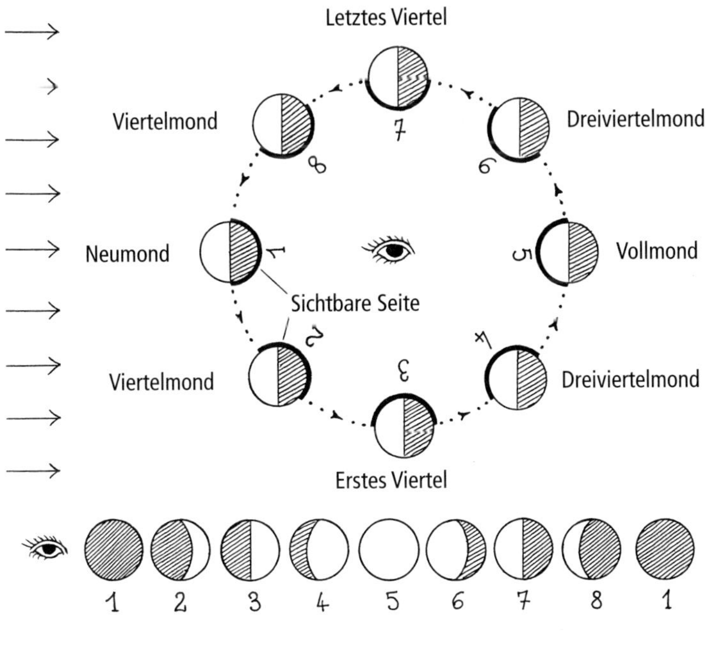

♂ Mars

Der „rote Planet“ ist der letzte, der sich im näheren Bereich der Sonne dreht, aber der erste, der äußerer Planet genannt wird, da er sich in weiterem Abstand zu ihr befindet als die Erde. Sein rötlicher Glanz, hervorgerufen durch Eisenoxide, die er in Unmengen enthält, ist manchmal auch für das bloße Auge gut sichtbar: wenn die Nacht zu Ende geht und wir ihn von vorne erhellt sehen. Dafür muss er in Bezug auf die Sonne auf der gleichen Seite stehen.

Da der Mars sich im Unterschied zu den anderen Planeten auf einer etwas länglicheren Umlaufbahn dreht, ändert sich sein Abstand zur Sonne während seines „Jahres“ beachtlich (es dauert 780 unserer Tage), sein Mindestabstand zur Erde ändert sich ebenfalls. Im Jahre 2003 waren sich die Erde und der Mars so nahe wie noch nie in der Geschichte der Menschheit, auch wenn dies für den Beobachter kaum wahrnehmbar war … Was den „Marstag“ betrifft, ähnelt er dem unsrigen mit seiner Dauer von 24 Stunden und 40 Minuten.

Zwar viel kleiner als die Erde – sein Durchmesser entspricht etwa der Hälfte – besitzt der Mars hingegen ein „gigantisches“ Relief: riesige erloschene Vulkane mit dem Olympus Mons, der die größte Erhebung im gesamten Sonnensystem ist. Er ist dreimal so hoch wie der Mount Everest und sein Durchmesser entspricht dem Englands. Es gibt enorme Canyons, die bis zu 4000 Kilometer lang sind und zwischen denen breite Täler mit Rinnenspuren davon zeugen, dass es früher dort einmal flüssiges Wasser gegeben hat. Da seine Achse etwas geneigter ist als die der Erde, hat der Planet sehr ausgeprägte Jahreszeiten, in denen sich seine Farben und das Aussehen der Polarkappen ändern.

Seine Atmosphäre setzt sich im Wesentlichen aus Kohlenstoff zusammen. Über den Mars fegen oft heftige Winde, die Wolken aus rot-ockerbraunem Staub aufwirbeln: Sie sind der Grund für diesen Marshimmel mit seiner roten Farbe, den man auf den Fotos sieht, die von den amerikanischen Sonden aufgenommen wurden, die auf ihm gelandet sind: Viking 1976, Mars Pathfinden 1997. Diese Sonden hatten unter anderem die Aufgabe, Möglichkeiten von Leben in Form von Mikroorganismen auf dem Mars zu untersuchen, doch die Ergebnisse waren wenig überzeugend. Im Dezember 1999 zerschellte der Mars Polar Lander auf der Eiskuppe des Südpols, wo er Proben aus der Tiefe entnehmen sollte. Das Programm Mars Surveyor sah und sieht jedoch zwischen 2001 und 2006 weitere Operationen vor.

Der Mars besitzt zwei Monde, Phobos und Deimos, die wegen ihrer geringen Größe nicht kugelförmig sind (sie sind nur etwa 20 km groß) und eher zwei großen Asteroiden ähneln, die er dank seiner Anziehungskraft an sich binden konnte. Dieses Thema lädt uns an dieser Stel le ein, einen kurzen Einschub zu machen, bevor wir uns den Gasriesen zuwenden.

Die Asteroiden

Zwischen dem Planeten Mars und dem folgenden, dem Jupiter, befindet sich eine riesige Myriade von Asteroiden: kleine Körper unterschiedlicher Form, die sich alle aus den gleichen Materialien zusammensetzen wie die tellurischen (aus fester Masse bestehenden) Planeten. Da sie aus der gleichen Zeit stammen wie die Entstehung des Sonnensystems, interessieren sie die Astronomen sehr: Im Februar 2001 ist sogar eine amerikanische Sonde auf einem von ihnen mit dem Namen Eros gelandet, nachdem sie ein Jahr lang in seiner Umlaufbahn kreiste. Zwischen diesem „Raumschotter“ zirkulieren kugelförmige Körper, die mit kleinen Planeten verglichen werden können: Die vier Größten (Ceres, Pallas, Juno und Vesta) haben einen Durchmesser, der zwischen 200 und 1000 Kilometern liegt.

In Anbetracht des beträchtlichen Abstandes, der Mars von Jupiter trennt, scheint diese Asteroidenkrone den Platz eines hypothetischen Planeten einzunehmen. Zwar hat man lange gedacht, dass diese Körper die Scherben eines zerborstenen Planeten sind, doch heute gehen die Astronomen davon aus, dass dieser von den Asteroiden besetzte Bereich vielmehr der „Mülleimer des Weltalls“ ist. Er nimmt die unterschiedlichsten Scherben auf, die durch das Sonnensystem irren, und die hier wegen der Anwesenheit Jupiters in der Falle sitzen: Wegen der Stärke seiner Anziehungskraft – bedingt durch seine beeindruckende Masse – würde er ihr Ausstoßen verhindern.

Andere zahlreiche Asteroiden ziehen manchmal sehr nahe an unserem Planeten vorbei, auf der mehr oder weniger langgestreckten ellipsenförmigen Umlaufbahn um die Sonne. In jedem Jahrhundert etwa einmal zerschellt einer von ihnen, meist von geringer Größe, in einer Wüstengegend der Erde oder versinkt im Meer … Einige dieser „Nomaden-Asteroide“ sind heute unter stetiger Beobachtung …

♃ Jupiter

Mindestens fünf Mal so weit von der Sonne entfernt wie die Erde ist Jupiter, mit einem elf Mal größeren Durchmesser als die Erde der größte Planet des Sonnensystems. Obwohl er sehr weit weg ist, leuchtet er nachts wie ein großer Stern.

Der gasförmige Planet besteht zu 90 % aus Wasserstoff, weswegen die Astronomen sagen, er sei eine „misslungene Sonne“. Wäre seine Masse wesentlich größer gewesen, hätten dort thermonukleare Reaktionen ausgelöst werden können wie auf unserer Sonne. Er strahlt auf jeden Fall genügend Energie aus, um die äußere Schicht seiner Atmosphäre aufzuheizen, die voller Protuberanzen ist, während der Wasserstoff in der Tiefe in Anbetracht des enormen Drucks flüssig ist.

Als flüssige Kugel verändert sich dieser Riese wegen seiner Drehung um sich selbst sehr schnell (sein „Tag“ dauert weniger als 10 Stunden!). Seine Fliehkraft ruft auf der Höhe seines Äquators Ausbuchtungen hervor und flacht ihn an den Polen ab. Diese Rotation löst außerdem gewaltige Winde aus und zieht die Wolken in lange parallele Bänder in kontrastierenden Farben. 1979 haben die Voyager-Sonden uns wunderschöne Bilder übertragen, vor allem vom „großen roten Fleck“, einem enormen, sehr stabilen Zyklonen, in den die Erde mit Leichtigkeit hineinpassen würde! Des Weiteren haben die Sonden einen feinen Ring um den Planeten herum ausgemacht, der sich vor allem aus mikroskopisch kleinen Partikeln zusammensetzt, die man wegen ihrer Größe fast nicht sieht.

Auf seiner Umlaufbahn, für die er fast zwölf Jahre benötigt, ist Jupiter von einer großen Gefolgschaft von mindestens 18 Trabanten umgeben. Die vier größten, die man mit einem guten Fernglas sehen kann, sind so groß wie kleine Planeten: Es handelt sich um die vier galileischen Monde, die von Galileo mit einem Fernrohr entdeckt wurden (➛ Abb., S. 35). Die Weltallsonde Galileo, die seit 1995 um den Jupiter kreist, wie zuvor Planet und Voyager, sendet uns Informationen mit wirklich erstaunlichen Details zu diesen vier Gestirnen mit den Namen Io, Europa, Ganymed und Kallisto.

Bedeckt mit Lava, zeigt Io die aktivsten vulkanischen Aktivitäten des ganzen Sonnensystems! Weltallsonden konnten diesen Ausbrüchen beiwohnen, die durch schwefelhaltige Auswürfe gekrönt sind, die bis zu 100 Kilometer Höhe steigen … Europa dagegen ist vollkommen glatt und eisig, und man glaubt, dass ihre Eisschicht, rissig wie unser Packeis, auf einem flüssigen Ozean ruht. Ganymed, der größte der Monde in unserem Sonnensystem, hat einen größeren Durchmesser als Merkur! Zahlreiche Furchen zerteilen seine gefrorene Oberfläche und sind in den dunklen Teilen besonders ausgeprägt. Die Oberfläche Kallistos hingegen ist von Kratern übersät, unter anderem dem enormen „Walhalla". Unter dieser dicken Oberfläche vermutet man flüssiges oder gefrorenes Wasser.

Saturn

Mit den breiten Ringen, die sich um den Saturn verteilen, ist er wirklich ein Wunder des Sonnensystems (➛ Abb., S. 23) Kaum kleiner als sein beeindruckender Nachbar, zeichnet sich der Saturn durch zahlreiche Gemeinsamkeiten mit Jupiter wegen seiner Zusammensetzung, seiner Drehgeschwindigkeit, seinen Ausbuchtungen auf Äquatorhöhe, seinen sich ständig verändernden Wolkenbändern (durch die Winde mit 1800 km/h toben!) aus. Auch hier finden wir einen riesigen Zyklon; allerdings ist er nicht rot, sondern weiß. Saturn hat eine so geringe Dichte, dass er sogar auf dem Wasser schwimmen könnte …

Auf zahlreichen Fotos, die von Planet und Voyager aufgenommen wurden, erscheinen seine Ringe wie tausende von kleinen konzentrischen Bändern in unterschiedlicher Farbe, Dichte und Verteilung. Diese Bänder, die sich übrigens nicht alle mit der gleichen Geschwindigkeit um ihn drehen, bestehen in der Tat aus Myriaden kleinster Fels- und Eispartikel. Man vermutet, dass diese etwa 30 Meter dicken Ringe sich nach der Auflösung eines großen Kometenrings gebildet haben: Als dieser etwas zu nahe am Planeten vorbeizog, herrschten in ihm sich widersprechende Kräfte, die dazu geführt hätten, ihn zu zerbrechen. Die Scherben kollidierten anschließend und zerfielen in immer feineren Staub. Da die Dichte und die Verteilung unregelmäßig sind, kann man zwischen den Ringen enge Fluchten bemerken, die das Dunkel des Sternenhimmels durchscheinen lassen. Der viel dickere Ring in der Mitte teilt die gesamte Fläche der Ringe eindeutig in zwei Hälften: Auch noch mit einem einfachen Fernglas gut sichtbar, nennt man ihn die Cassinische Teilung, nach dem Astronomen, der sie im Jahr 1676 entdeckt hat.

Etwa 1,5 Milliarden Kilometer von der Sonne entfernt, braucht der Saturn fast 30 Jahre, um sie zu umkreisen! Wie die Erde dreht er sich auf einer zu seiner Umlaufbahn gebeugten und immer parallelen Achse. Aus diesem Grund (➛ Abb., S. 39) sehen wir seine Ringe immer aus einem anderen Winkel und Profil: In diesem Moment sind sie so dünn, dass sie von der Erde aus nicht mehr sichtbar sind (dies war 1996 der Fall und wir müssen bis 2011 warten, bis sich dieses Phänomen wiederholt).

Der Saturn bricht alle Rekorde, denn er verfügt über 23 Satelliten. Die am weitesten entfernten sind Planeten und ziehen ihre

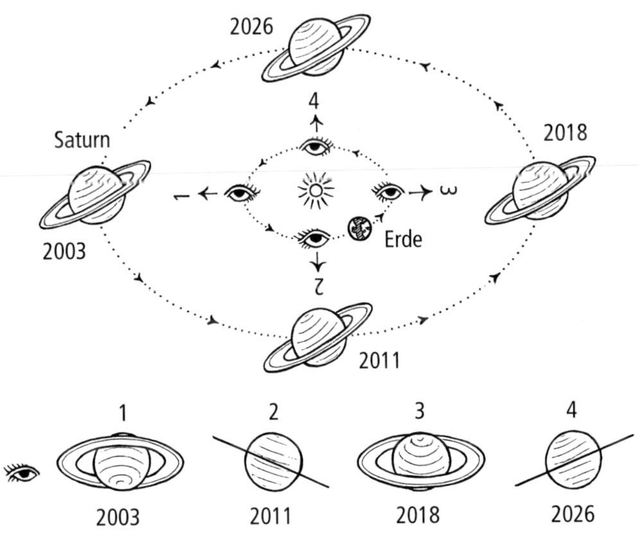

Bahn in 15 Millionen Kilometer Abstand! Der größte, Titan, wurde von dem Astronomen Huygens im Jahr 1655 entdeckt. Sein Durchmesser ist etwas größer als der des Merkur. Er ist besonders interessant, da seine dichte Atmosphäre, die sehr reich an Stickstoff ist, an die der Erde in ihren Anfängen erinnert. Um mehr darüber zu erfahren, schickte man im Jahr 2004 die Sonde Cassini in die Umlaufbahn Saturns, um jenseits von Titan die Sonde Huygens abzuwerfen. Es ist möglich, dass sie umfangreiche Mengen von flüssigem Methangas feststellen wird, und, warum nicht, auch ewiges Eis, das die notwendigen Elemente für das Entstehen von Leben einschließt. Die fünf anderen großen Satelliten, Encladus, Lapetus, Dione, Mimas und Thetys, vereist oder von Kratern überzogen, sind untereinander sehr verschieden.

Uranus

Zweimal so weit von der Sonne entfernt wie der Saturn, ist der Gasriese Uranus wesentlich kleiner als die beiden vorher beschriebenen: Damit ist er für das bloße Auge nicht sichtbar. Er wurde erst 1781 durch Herschel mit Hilfe eines großen Teleskops entdeckt. Mit unseren modernen Apparaten sieht man ihn besser: in Form einer kleinen, grünlichen und gleichmäßigen Scheibe. Die Fotos von Voyager 2 hoben dagegen stark die Wolken hervor, die ihn umgeben. Uranus dreht sich schnell um sich selbst – in 17 Stunden; doch benötigt er 84 Jahre, um die Sonne einmal zu umkreisen! Seine Besonderheit liegt darin, dass er fast auf seiner Umlaufbahn „liegt", um somit abwechselnd alle 42 Jahre jeden seiner Pole der Sonne zuzuwenden. Uranus hat 15 Satelliten. Die fünf wichtigsten haben einen Durchmesser von 500 bis 1500 Kilometern und heißen Miranda, Ariel, Umbriel, Titania, und Oberon. Miranda unterscheidet sich durch sein sehr abwechslungsreiches Relief mit seltsamen und übertriebenen Formen, darunter eine riesige Schlucht in Zickzack-Muster.

♆ Neptun

Die Entdeckung dieses vierten Gasriesen, 4,5 Milliarden Kilometer von der Sonne entfernt und mit einem Durchmesser ähnlich wie Uranus, fand im Jahr 1846 statt. Sie beruhte auf der Beobachtung einer Anomalie des Planeten Uranus auf seiner Umlaufbahn. Die Astronomen vermuteten, dass diese bedingt sei durch die Existenz eines achten Planeten, dessen Anziehungskraft die Laufbahn seines nächsten Nachbarn störte ... Der Franzose Le Verrier berechnete die Position dieses hypothetischen Planeten, den man kurz darauf entdeckte: Er wurde dank seiner schönen blau-grünen Farbe Neptun genannt.

Wie seine Brüder hat dieser Planet im Jahre 1989 den Besuch der Sonde Voyager erhalten, deren Fotos zahlreiche neue Informationen brachten. Der Planet hat eine ähnliche Zusammensetzung wie die anderen Riesen. Er ist von einer Methangaswolke umgeben, in der sich, in entgegengesetzter Richtung, ein großer dunkler Fleck bewegt. Sie stellt ein riesiges zyklonisches Gebilde dar, genauso groß wie die Erde: Die schnellsten Winde, die je gemessen wurden, blasen mit 2000 km/h!

Neptun verfügt über verschiedene Ringe: Die einen setzen sich aus großen Partikeln zusammen, die anderen aus Bändern dünneren Staubes. Zwar dreht Neptun sich wie Uranus sehr schnell um sich selbst, sein „Tag" hat 16 Stunden; dafür benötigt er aber für eine Sonnenumkreisung eindeutig mehr Zeit: nämlich 165 Jahre!

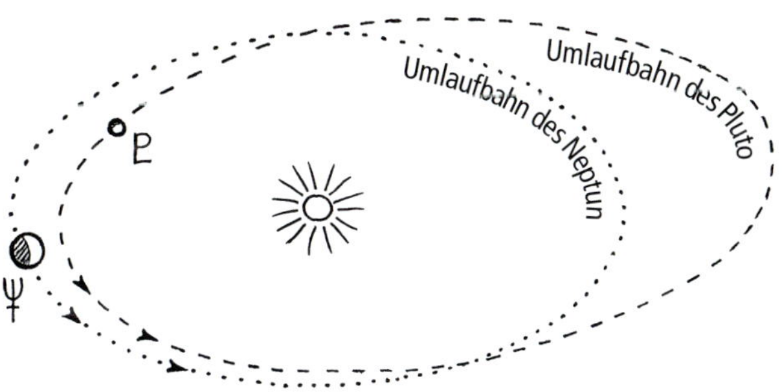

Nur seine zwei größten Trabanten, Triton und Nereid, waren vor dem Jahr 1989 bekannt. Dank der Sonde wurden sechs weitere entdeckt, von denen vier zwischen den Ringen kreisen. Triton, der etwas größer als Merkur ist, hat eine eisige Oberfläche mit zwei Polarkappen mit gut sichtbarem Relief.

Pluto

Die sehr späte Entdeckung Plutos im Jahre 1930 geschah nach wissenschaftlichen Berechnungen und sorgfältigen Recherchen, diesmal durch amerikanische Astronome. Sie erwarteten, einen Planeten größer als die Erde zu finden, doch zu ihrer Überraschung entdeckten sie einen, der kleiner als Merkur ist …

Sechs Milliarden Kilometer von der Sonne entfernt (er benötigt 250 Jahre für eine Umkreisung), spurt Pluto mit seinem einzigen Trabanten Charon, der sich ganz nahe an ihm befindet (ein Paar), eine gebeugte Umlaufbahn in Bezug auf die Orbitalebene der anderen Planeten. Seine Bahn zeichnet eine ziemlich langgezogene Ellipse und ist somit weniger mittig als die der anderen Umlaufbahnen: Aus diesem Grund befindet sich Pluto seit 1969 und bis in das Jahr 2009 etwas näher an der Sonne als Neptun (➛ S. 41). Da Pluto von einer sehr dünnen Atmosphäre aus Stickstoff und Methan umgeben ist, geht man davon aus, dass er ein Hybridplanet ist: ein sehr großer steinerner Kern, der von einer dicken Schicht aus gefrorenem Gas umgeben wird. Doch wurde bisher noch keine Sonde programmiert, um dies vor Ort zu kontrollieren …

Die Planeten des Sonnensystems entdecken

Die Planeten auf Dokumenten entdecken

Ist Ihnen aufgefallen, dass alle Kinder schon mehr oder weniger von den Planeten gehört haben – dank eines Booms an Astronomiebüchern für die Jugend und zahlreichen audiovisuellen Medien? Unsere jungen Fernsehzuschauer besitzen Kenntnisse über die Erde, die man nicht unterschätzen darf. Nutzen Sie ihr ganzes Wissen, auch wenn es nur bruchstückhaft oder annähernd und, warum nicht, voller Fantasie ist …

Die Gesprächsrunde

Nehmt alle eure Gedanken zusammen und stellt euch folgende einfache Frage: „Was ist das Weltall?" Wenn Sie jetzt alle Kinderaugen leuchten sehen, all die gelösten Zungen hören, werden Sie schnell verstehen, dass Sie das Zauberwort ausgesprochen haben, das jeden in eine Welt des Nachdenkens und Träumens eintauchen lässt: „Das Weltall ist da, wo es ganz dunkel ist, aber da, wo alle Sterne sind, die leuchten!" „Ja, und es gibt auch Raketen mit Astronauten drin, die auf den Mond gehen!" „Wir können das Weltall nur sehen, wenn Nacht ist, denn der blaue Himmel ist kein Weltall!" „Eigentlich doch, denn da ist die Sonne und manchmal auch der Mond, wenn er schon erleuchtet ist …" „Ich habe im Buch meines Bruders gesehen, dass es im Weltall Planeten gibt, große und kleine." „Ja, ganz kleine wie der des Kleinen Prinzen in meinem Buch: Auf seinem Planeten haben nur drei Bäume wachsen können." „Wir sind auf der Erde, glücklicherweise ist sie etwas größer!" „Also, ich habe eine Kassette, auf der man Planeten sieht, die noch größer als die Erde sind! Es gibt sogar einen, der heißt Saturn. Er hat einen komischen, etwas schiefen Weg, der sich um ihn herum dreht!" „Das heißt Ring! Mein Papa hat gesagt, dass sei kein Weg, sondern das sind kleine Steinchen, die sich alle zusammen bewegen …" „Stimmt das?"

Stellen Sie sich darauf ein, auf ungewohnte Fragen antworten und mehr oder weniger heiße Themen diskutieren zu müssen. Wenn diese Themen Sie in Verlegenheit bringen oder Sie lieber später antworten wollen, sagen Sie nur: „Das ist aber interessant! Da werde ich mich einmal erkundigen." Oder auch: „Das ist wirklich überraschend, wir werden später darüber reden." Mit ihrem Durchhaltewillen und ihrer Begeisterung werden die Kinder es nicht versäumen, Sie noch einmal zu dem Thema zu befragen!

Dokumente erklären

Fordern Sie die Kinder in den folgenden Tagen auf, selbst Nachforschungen anzustellen: in der Bibliothek des Kindergartens oder der Schule, in Büchern zu Hause oder in der öffentlichen Bücherei, in allen Dokumenten, in denen auch nur im Entferntesten Planeten vorkommen. Sie können Ihrerseits – soweit möglich – vergrößerte Farbkopien der besten Dokumente machen, die Sie gefunden haben. Diese können im Raum aufgehängt werden. Achten Sie darauf, dass jeder Planet dargestellt wird – am besten in voller Ansicht. Machen Sie das Gleiche für den Mond und die Monde der Planeten, deren Bilder Sie zusammensuchen konnten; ebenso für die Sonne, doch heben Sie deren Bild bis zum Schluss auf.

So wie die Kinder sie mitbringen, werden die Unterlagen nach und nach gemeinsam in der Gruppe angeschaut. Einzelbilder werden thematisch in Gruppen passend zu den jeweiligen Planeten zusammengefasst. Außer Saturn, der wegen seiner breiten Ringe gut erkennbar ist, können die anderen Bilder leicht Zweifel aufkommen lassen, da sie häufig in „falschen Farben" gedruckt werden. Hier wundern die Kinder sich oft darüber, dass ein und derselbe Planet in verschiedenen Färbungen abgebildet werden kann: Erklären Sie ihnen, dass die Fotos mit dem Computer „gefärbt" werden, je nachdem, was man hervorheben will (Oberflächenbeschaffenheit des Planten, die ihn umgebenden Wolken, Temperatur, Relief ...) (➛ Abb., S. 46).

Bleibt der Zweifel hartnäckig, suchen die Kinder in den Bildunterschriften oder im Text nach Anhaltspunkten: Selbst wenn sie noch nicht lesen können, können sie das Erscheinungsbild eines Wortes erkennen, in diesem Fall den Namen eines Planeten, indem sie ihn mit einem ähnlichen Schriftzug konfrontieren. Nach der Identifikation erhält der Planet ein Schildchen mit seinem Namen und seiner symbolischen Darstellung, angefertigt durch seinen kleinen „Entdecker".

Wenn Sie feststellen, dass die Kinder beginnen, mit den Planeten vertraut zu werden, sie zu ordnen oder nach Ähnlichkeitsprinzipien in Gruppen zusammenzustellen, wenn ihre Fragen präziser werden, dann sollte der nächste Schritt gemacht werden: All das zu ordnen, was sie hier und da finden konnten, um anschließend die Inhalte eines gemeinsamen Wissens mit den Kindern zu erarbeiten. Als erstes sollen sie sich an der Zusammenstellung der Planetenfamilie beteiligen.

Die Planetenfamilie zusammenstellen

Bei der Durchsicht der Astronomiebücher haben die Kinder vielleicht festgestellt, dass man diese Planetenfamilie auf zwei Arten gruppieren kann: entweder als Zeichnung, auf der unter Berücksichtigung der Maßstäbe die Planten aufgereiht und auf einer Linie liegend in ihrer Anordnung gezeigt werden, oder als Diagramm, wo jeder Planet in Verkleinerung sich in seiner eigenen Laufbahn um die Sonne dreht. Diese zweite Darstellungsform wird von uns am Anfang genutzt.

Wilson

Gemeinsam ein Diagramm erstellen

Versammelt vor einer großen Tafel (oder einem großen Blatt Papier) bitten Sie die Kinder, folgender Geschichte zuzuhören: „Ein kleiner Astronaut in der Zukunft entschließt sich, allen Planeten, die um die Sonne kreisen, Guten Tag zu sagen …" Jetzt malt ein Kind in der Mitte der Tafel eine kleine Sonne, und in etwa 20 Zentimeter Entfernung (nicht mehr) eine winzige Erde, die um sie kreist. Helfen Sie dabei, denn selbst bei einer Erde von der Größe eines Punktes benötigen Sie eine Tafel, die zweimal so groß ist wie der Gruppenraum, um den „blauen Planeten" im richtigen Abstand zur Sonne einzuzeichnen. Und die folgenden Planeten würden dann gar nicht mehr auf das Bild passen! (Dieses Thema wird am Ende des Kapitels noch einmal aufgegriffen und bearbeitet.)

Die Kinder wählen jetzt, ob der kleine Astronaut in Richtung Sonne reist, um die inneren Planeten zu besuchen, oder ob er sich von ihr entfernt, um zuerst die anderen Planeten zu begrüßen. Für jede neue Etappe und mit Hilfe einiger Informationen, die Sie ihnen geben, versuchen die Kinder vorauszusagen, um welchen Planeten es sich handeln wird: Sie können seinen Namen nennen, sein Bild in den Unterlagen suchen, oder die Abbildung in den neun Darstellungen (eine Zeichnung pro Planet) erkennen, die Sie in falscher Reihenfolge aufgehängt haben. Ist der Planet erst einmal erkannt, fassen die Kinder die Informationen zusammen. Diese werden von Ihnen ergänzt, indem Sie gut hervorheben, zu welcher Kategorie der Planet gehört (irden oder aus Gas bestehend). Anschließend wird er mit seiner Laufbahn skizziert, ergänzt mit ein oder zwei Pfeilen, die angeben, ob er sich gegen den Uhrzeigersinn dreht (davon ausgehend, dass alle Planeten ihren „Nordpol" in Bezug auf den Betrachter oben haben).

Auf diesem Diagramm, dessen Bild sich schrittweise aufbaut, sind die Zeichnungen der jungen Forscher selbstverständlich ungeschickt, da sie versuchen, einen annähernden Maßstab der Planeten untereinander zu wahren. Achten Sie darauf, wie Sie die Ringe des Saturn und die am äußersten Rand kreisenden Planeten auf der Tafel darstellen; es bleibt kein Platz mehr außer in den Ecken, und ihre Planeten befinden sich bestimmt alle an der gleichen Stelle des Himmels – wir kommen noch einmal darauf zurück. Rechnen Sie auch damit, dass die kleinen Schlauberger den Asteroidenkranz von Ihnen einfordern, ohne am Anfang allerdings genau zu wissen, wo er anzusiedeln ist.

Das Sonnensystem

Julien

Die Bilder anordnen

Stellen Sie zwei Serien von neuen Bildern auf Folie her, davon eine im Format DIN A4 für vorbereitende Gemeinschaftsspiele. Geben Sie bei jeder Folie die Darstellungen der einzelnen Planten weitgehend maßstabsgerecht wieder: Greifen Sie dabei auf die Darstellung auf Seite 31 zurück, die die Planeten in „Familienfotos" zusammenfasst. Tragen Sie die Namen und Symbole ein.

Nach einem oder mehreren Durchgängen zum Erkennen und Sicheinprägen der Planeten planen Sie Spiele, um die Planeten in die richtige Reihenfolge zu bringen: wer der Sonne am nächsten ist und wer am weitesten von ihr weg ist. Ist die „Familie" erst einmal richtig zusammengesetzt, variieren Sie das Spiel, indem Sie eine Bildkarte umdrehen, ohne dass die Spieler sehen, welche es ist (sie halten sich zum Beispiel die Augen zu). Von den beiden Nachbarplaneten ausgehend, müssen die Kinder erraten, welcher Planet „verschwunden" ist. Abschließen kann man mit einem weiteren „Fehlerspiel", das noch mehr das Erinnerungsvermögen und das logische Denken anregt: Noch einmal, ohne dass die Kinder es sehen, vertauschen Sie zwei Planeten. Beim ersten Mal einen großen und einen kleinen (der „Fehler" ist so leichter zu finden), beim zweiten Durchgang dann zwei Planeten der gleichen Größe. Nachdem die ganze Serie untersucht wurde, muss die Unregelmäßigkeit erkannt werden, und die beiden Bilder kommen auf ihren richtigen Platz.

Die Planetenfamilie mit ihren Trabanten ergänzen

Nachdem ein Kind sich mehrere Bücher angeschaut hat, sagt es vielleicht: „Auf den Fotos sieht man oft komische kleine Planeten neben den großen; man könnte meinen, es sind ihre Babys!" Ohne es zu wissen, hat das Kind die wichtigsten Trabanten der Gasriesen entdeckt. Es wäre ideal, wenn die Jahreszeit es zulässt, eine nächtliche Betrachtung des Planeten Jupiter zu organisieren (➛ S. 59): Mit einem guten Fernglas können die Kinder diese „Babys" – die zu leuchtenden Punkten geworden sind – wiederfinden und feststellen, dass sie sich in weniger als einer halben Stunde in Richtung des „Mutterplaneten" fortbewegen …

Nach einer direkten Beobachtung verstehen die Kinder sehr schnell, dass es sich hier um kleine „Erden" handelt, die um den riesigen Planeten kreisen – genauso wie die Erde selbst und ihre Planetenbrüder um die Sonne. Sollte eine direkte Beobachtung nicht möglich sein, besorgen Sie sich einige Fotos, die von der Sonde Voyager aufgenommen wurden und die Jupiter oder Saturn (➛ S. 35 u. 23) mit einem oder zwei ihrer nächsten Trabanten zeigen, während sie an ihnen vorbeiziehen.

Ich habe die vier Jupitermonde gefunden

Marie

Begleiten Sie die Kinder so bei der Entdeckung der größten dieser Monde, jeder so unterschiedlich und kontrastreich wie die Planeten selbst. Die Trabantenbilder, die sie vorbereitet haben, werden anschließend ihren Platz an der Seite der „Mutterplaneten" finden.

Volles Feuer auf die Sonne

„Sag', die Sonne ist kein Planet. Also, ich glaube, dass sie ganz gewiss eine Feuerkugel ist!" Befragen Sie die anderen Kinder, ob sie diese Meinung teilen, werden Sie jedes Mal eine fast identische Antwort erhalten … Sie ist wie folgt zu berichtigen: „Die Sonne ist eine riesige Gaskugel, die noch heißer als Feuer ist! Allerdings ist dieses Gas keinesfalls am Brennen: Es verwandelt sich nach und nach in ein anderes Gas, und das reicht aus, um eine so große Energie freizusetzen, dass die Temperatur sehr, sehr hoch steigt!"

Nachdem ihr Interesse durch die Fotos der Sonne, die sie in den verschiedenen Büchern gesehen haben, geweckt wurde, werden die Kinder Sie zu den Protuberanzen, den Sonnenflecken, der Korona befragen: Geben Sie ihnen altersgemäße Antworten. Zögern Sie nicht, die Riesenhaftigkeit der Sonne in Bezug auf die Erde bildhaft zu beschreiben: „In der Sonne könnte man 110 Planeten von der Größe der Erde hintereinander aufreihen. Und die Erde könnte problemlos in einem der Sonnenflecken verschwinden oder unter einer der Protuberanzen …“

Die Sonne ist ein Stern: Warum die Kinder nicht damit überraschen, indem man ihnen wieder eine Geschichte mit unserem kleinen Astronauten aus der Zukunft erzählt? Man könnte sich vorstellen, dass dieser, nachdem er die Planeten des Sonnensystems besucht hat, entscheidet, auch einige Sterne zu besuchen. Während er sich immer weiter entfernt, sieht er, dass die Sonne immer kleiner wird, um dann bald nur noch ein Stern unter den anderen zu sein … Und während er sich dem ersten anvisierten Stern nähert, stellt er fest, dass dieser immer größer wird und wie eine Sonne leuchtet! Mit dem Wunsch, sich Gewissheit zu verschaffen, steuert der kleine Astronaut einen anderen Stern

Romain

an und dann noch einen an. Diesmal ist er sicher: Unsere Sonne ist wirklich ein Stern! Sie werden feststellen, wie sehr diese Entdeckung die Kinder faszinieren wird. (➛ Astronomie – ein Kinderspiel. Sonne, Erde, Mond, Beltz-Verlag 2006)

Die Planetenfamilie zeichnen

Die Planeten frei zeichnen

In den Tagen nach den ersten Nachforschungen zu den Planeten werden die Kinder ihre Zeichnungen mit uneinheitlichen und bunten Kugeln schmücken, Fiktion und Wirklichkeit werden sich mischen. Einige kann man leicht an bereits eingeprägten Einzelheiten erkennen: Farben, Ringe, Teile des Reliefs, Turbulenzen der Atmosphäre … Doch die Krater von Merkur, die Kontinente der Erde, die Vulkane auf dem Mars und der rote Fleck des Jupiter sind oft nicht in den richtigen Proportionen wiedergegeben.

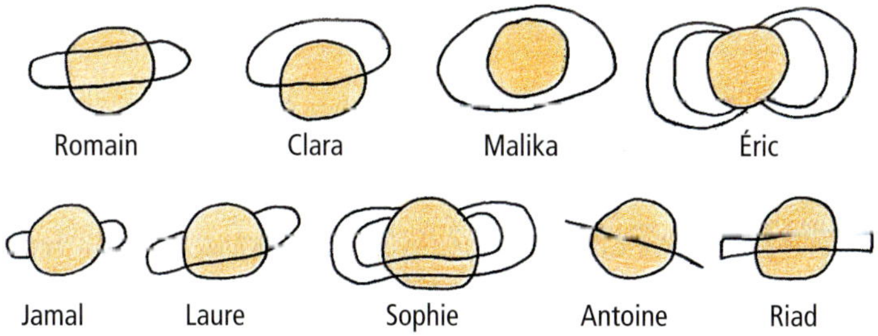

Einer dieser Planeten taucht immer wieder auf: der Saturn. Er ist der Bevorzugteste und unterscheidet sich von den anderen Planeten durch das, was man als seinen Ring erraten kann. Sie werden übrigens feststellen, dass die Tatsache, dass auf den Fotos der Saturnring hinter dem Globus verschwindet, für die jüngsten Zeichner ein Problem in der Darstellung mit sich bringt: Der

Ringteil auf der Vorderseite stellt für sie die Gesamtheit dar und bringt somit verschiedene Lösungsansätze mit sich (➛ S. 51).

Um anzuregen, dass die Kinder das malen, was sie wirklich vom Ring sehen, basteln Sie ein Saturnmodell aus einer Kugel und einem dünnen, aber festen Pappring. Dieser Ring mit einem Durchmesser, der etwa 2,25 Mal so groß wie die Kugel ist, sollte um sie auf Äquatorhöhe „schweben". Hierfür durchstechen Sie die Kugel von einer Seite zur anderen und führen eine dünne Stricknadel ein, dann wiederholen Sie das Ganze auf der gleichen Höhe in einem Winkel von 90 Grad. Legen Sie den Ring auf die vier Nadelspitzen (sie müssen mehrere Zentimeter aus der Kugel heraus reichen), richten sie ihn mittig aus und befestigen sie ihn mit Klebeband. Wenn Sie eine Styroporkugel verwenden, können die Stricknadeln durch Büroklammern ersetzt werden, die rund um den Äquator eingestochen und mit Kleber befestigt werden.

Im Umgang mit diesem Modell werden die Kinder beobachten, wie der Ring teilweise hinter der Kugel versteckt ist. Sie werden sie aus verschiedenen Sichtwinkeln untersuchen, vor allem vom Profil her. In den neuen Zeichnungen finden sich nun Spuren, die der wirklichen Vision Saturns näher kommen.

Inspiriert durch die Abbildungen in den Büchern werden einige Kinder die Planetenfamilien zeichnen, entweder als Gruppe oder auf der Umlaufbahn um die Sonne. Die größte Schwierigkeit für sie ist, die Größenverhältnisse zu beachten (die irdenen Planeten sind zu groß) und die Globen um die Sonne zu verteilen (sie gruppieren sie alle auf der gleichen Seite). Aber alle nehmen es sehr ernst, die Planetensymbole richtig zu kopieren, ebenso wie deren Namen!

Durchführung einer vorgegebenen Arbeit

Nachdem eine bestimmte Zeit lang freie Zeichnungen angefertigt worden sind, schlagen Sie den Kindern nun vor, das Arbeitsblatt 1

Arbeitsblatt 1

Die Familie der Planeten

(→ S. 203, 209) zu vervollständigen, das die Planetenfamilie darstellt. Die Kinder beraten sich und legen die Farben und die Details für jeden Planeten fest. Im Allgemeinen zeigt der so erhaltene Konsens den Wunsch, die konventionellen Darstellungen möglichst getreu wiederzugeben! Seien Sie beruhigt: Dies wird auf keinen Fall die Kreativität der Kinder zum Erliegen bringen – im Gegenteil: Sie werden in den folgenden Tagen eine Belebung der Schaffenskraft bei den Fantasiebildern feststellen; die Kinder werden sich der Modelle bedienen, die sich wie ein Katalysator bereichernd auf die eigenen Werke auswirken.

Die Mal- und Sprachförderangebote dieses ersten Arbeitsblattes (➤ S. 203, 209) wurden in meinen Gruppen über Jahre hinweg durchgeführt. Sie sind für Kinder ab fünf Jahren geeignet, als angeleitetes Angebot auch für jüngere Kinder und als mehr oder weniger selbstständige Arbeit für die Größeren. Sie werden sehen, wie sehr dieses Angebot das Interesse und den Fleiß aller anregen wird! Am Ende des Bandes (➤ S. 202 ff.) finden Sie einige Angaben und Ratschläge für die gute Ausarbeitung jedes Arbeitsblattes.

Planeten direkt beobachten

Im Laufe eines schönen Abends ein oder zwei Planeten mit bloßem Auge zu entdecken, sie dann mit einem Fernglas zu betrachten, kann eine nachhaltige Erfahrung für Ihre kleinen Kinder sein. Zögern Sie nicht, ihnen die Möglichkeit zu bieten, Venus, Mars, Jupiter oder Saturn zu beobachten (die Sicht auf Merkur, der zu dicht an der Sonne steht, ist schwierig, die weiter entfernten Planeten machen ein starkes Teleskop notwendig). Beginnen Sie damit, sich in einer astrologischen Fachzeitschrift darüber zu informieren, welche Möglichkeiten zur Verfügung stehen: Für alle Planeten, die sich im Weltall bewegen, wie auch die Erde, ändern sich die Perioden der guten Sichtbarkeit. Vielleicht wird auch der Mond zu sehen sein.

Sehen Sie eine oder zwei Beobachtungen im Zeitraum zwischen September und April vor (danach ist wegen der Umstellung auf die Sommerzeit der Sonnenuntergang zu spät). In einer Schönwetterperiode wird die Beobachtung bereits am Vortag oder sogar noch früher geplant werden können; ist die Wetterlage unstabil, wird die Entscheidung im letzten Moment gefällt, zum Beispiel, wenn der Himmel am Nachmittag plötzlich aufreißt (dann gilt es, eine Telefonkette mit der Unterstützung einiger Familien in Gang zu setzen).

Wählen Sie eine freistehende Stelle, von wo aus der Himmelskörper am Tag und zur Uhrzeit der geplanten Beobachtung gut sichtbar ist; seine Position haben Sie vorab auf einer drehbaren Himmelskarte überprüft (➛ S. 55), und zwar nachdem Sie geklärt haben, wo der Norden liegt. Berücksichtigen Sie ebenfalls die öffentliche Beleuchtung: Zu viel Licht kann die Beobachtung von Gestirnen, selbst wenn sie sehr hell leuchten, beeinträchtigen (über unseren Städten kann man eine wahrhafte „Lichtverschmutzung“ beklagen).

Die Vorbereitungen

Besorgen Sie sich eine drehbare Himmelskarte (zu akzeptablen Preisen im Buchhandel in der Abteilung für Astronomie erhältlich), denn Sie müssen das Sternbild (Sternengruppe) herausfinden, vor dem der gesuchte Planet steht. Die Anwendung ist ganz einfach, doch üben Sie schon einige Tage vorher, und sei es nur, um sicher zu gehen, dass das Sternbild zu gegebener Stunde nicht durch etwas verdeckt wird. Damit Sie Ihre Karte bei Dunkelheit lesen können, benutzen Sie eine Taschenlampe, deren Glasabdeckung mit einer bunten Plastikfolie bedeckt wird (transparente Folie mit rotem Nagellack bemalen; diese Vorsichtsmaßnahme erlaubt es, dass sich die Pupille des Auges, die so nicht geblendet wird, maximal öffnet). Ein Kompass kann ebenfalls nützlich sein. Die Eltern bringen ihre Kinder meistens nicht alle auf einmal; der Gebrauch des Fernglases kann also abwechselnd geschehen: Zwei oder drei Ferngläser reichen aus.

Welche Ferngläser sind zu empfehlen? Es wäre am besten, sie böten eine sieben- bis zwölffache Vergrößerung und der Durchmesser der Objektive läge zwischen 50 und 80 Millimeter (beide Größen stehen immer auf dem Fernglas, getrennt durch das Zeichen x). Man findet üblicherweise Ferngläser mit 7x50, 10x60 oder 12x80. (Letztere sind leistungsfähiger, aber teurer und schwerer.) Für die Beobachtung des Mondes erzielt ein einfaches Fernglas mit 8x30 schon befriedigende Ergebnisse. Das Fernglas muss standfest sein, vor allem wenn es eine starke Vergrößerung hat: Haben Sie kein Stativ wie für den Fotoapparat, tut es auch ein einfacher Stock, der bis zur Augenhöhe des Kindes oder des Erwachsenen reichen muss (vorausschauend mehrere besorgen). Das Fernglas, das man sicher in der Hand hält, ruht nur oben auf dem Stock (eventuell wird der Stock durch eine andere Person festgehalten).

Die Beobachtungen mit bloßem Auge

Soweit sie in der Dämmerung sichtbar sind, kann man zu beobachtende Planten leicht ausmachen und man braucht nicht unbedingt eine Himmelskarte: Da sie das Sonnenlicht reflektieren, erscheinen sie nämlich noch bevor die Sterne „angehen“. Es kann vorkommen, dass man sie um den Mond herum sieht und so das schöne Schauspiel einer Konjunktion (Gestirne, die durch eine optische Täuschung scheinbar nahe beieinander stehen) erleben: Die Konjunktion im Frühjahr 2000 war außergewöhnlich, denn drei Planeten (Mars, Jupiter und Saturn) hatten damals ein Stelldichein mit dem Mond!

Zeigt sich Venus als Sichel, hat sie ein unvergleichliches Leuchten (➤ S. 30 f.). Näher als wir an der Sonne, steht sie in deren Richtung im Osten, kurz nach Sonnenuntergang, und manchmal kann man sie vier Stunden lang sehen. (Auch bei Sonnenaufgang ist sie zu erkennen, dann allerdings im Osten.)

Die äußeren Planeten, Mars, Jupiter und Saturn, die sich alle drei auf der gleichen Ebene um die Sonne drehen, haben bei Nacht die gleiche Laufbahn wie die Sonne bei Tag: So ziehen sie nacheinander vor den Sternbilden der Tierkreiszeichen vorbei, diesem fiktiven Band, vor dem selbst die Sonne von der Erde aus gesehen das ganze Jahr wandert (doch hindert uns ihr heller Schein daran, dieses Schauspiel am Tag zu sehen).

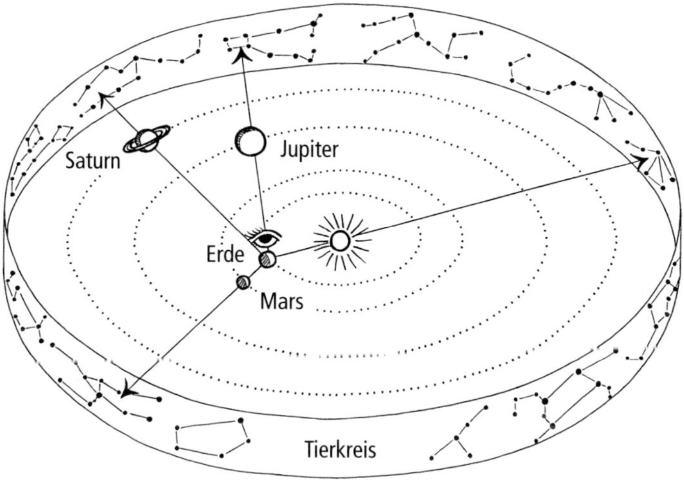

Ist die Nacht schon hereingebrochen, müssen Sie von einem Stern dieser Sternbilder ausgehend den angesagten Planeten ausfindig machen, indem Sie den Angaben aus der astronomischen Zeitschrift folgen und sich Ihrer drehenden Himmelskarte bedienen. Bei bloßem Auge zeigen sich die drei Planeten wie mehr oder weniger hell scheinende Sterne. Dennoch unterscheidet man Mars durch sein typisch rötliches Leuchten und Jupiter durch seinen sehr weißen Glanz, intensiver als der anderer Sterne. Saturn hingegen kann leichter mit den benachbarten Sternen verwechselt werden … außer, das diese funkeln! Das auf einen Punkt reduzierte Licht, das die Sterne ausstrahlen, kann durch atmosphärische Turbulenzen gestört werden, doch gilt dies für die Planetenscheiben nicht: Sie werden feststellen, dass Planeten nicht funkeln, außer sie stehen sehr tief am Horizont.

Beobachtungen mit dem Fernglas

Durch ein Fernglas sieht man Venus wie eine winzige leuchtende Oberfläche, doch ist ein kleines Fernrohr notwendig, um ihre Form gut zu erkennen, die sich in den einzelnen Phasen ändert. Der Planet Mars hingegen ist wegen seiner geringen Größe und seiner weiten Entfernung auch mit einem einfachen Fernglas nicht als sichtbare Scheibe zu erkennen.

Bei den beiden Gasriesen müssen Sie die Kinder vorwarnen, nicht die prächtigen Bilder zu erwarten, die die Fotos der NASA bieten! Jupiter wird ihnen wie eine kleine weißliche Scheibe erscheinen, Saturn wie eine winzige Scheibe mit einem schwachen Leuchten, wo sie nicht einmal die Ringe erahnen können! Um sie zu sehen wäre ein Apparat mit einer stärkeren Vergrößerung notwendig … Einige Kinder scheinen enttäuscht? Damit dies nicht nachhaltig ist, nutzen Sie die Gelegenheit, um ihnen die Unermesslichkeit des Sonnensystems, in dem sie sich befinden, bewusst zu machen: „Ist es nicht außerordentlich, dass ein so großer Planet auch in

Komm, schau dir den Planeten Venus an!

Benoit

einem Fernglas noch so klein erscheint wie ein Nadelkopf? Dafür muss er wirklich sehr, sehr weit von der Erde weg sein!“

Mit offenem Mund und weit aufgerissenen Augen finden sie dann ihr Lächeln wieder: „Ach, ja … Dann ist es wirklich wahr, dass das Weltall groß ist!“ Außerdem erwartet die Kinder eine hübsche Überraschung: Mit etwas Aufmerksamkeit werden sie drei oder vier leuchtende Punkte in der Nähe von Jupiter entdecken: die Jupitermonde! In einer tiefschwarzen Nacht kann man die vier größten Trabanten mit einem guten Fernglas erkennen.

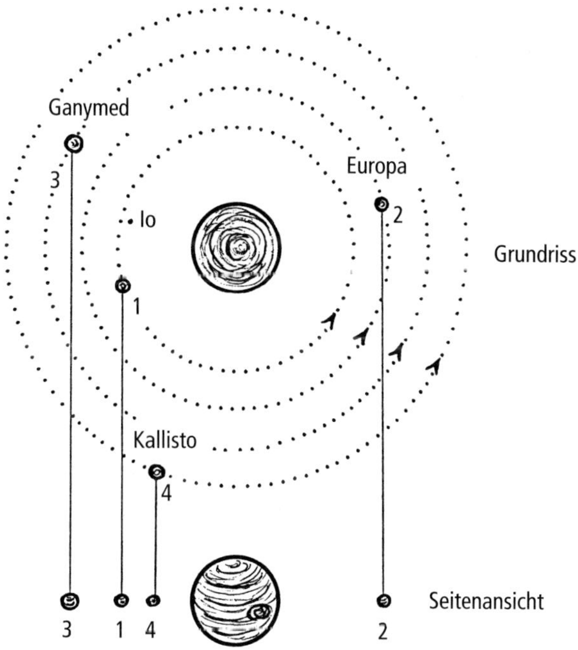

Falls einer von ihnen fehlt, befindet er sich gerade hinter dem Globus, dessen Schatten ihn vorübergehend „auslöscht“.

Da die Monde auf der gleichen Ebene kreisen wie die Planeten und somit wie die Erde, sehen wir hier im Profil die Gesamtheit der vier Jupitermonde: Die schematische Darstellung auf der vorhergehenden Seite erlaubt zu verstehen, warum der Trabant, der scheinbar am nächsten zum Planeten steht, vielleicht ein weiter entfernter Mond ist, der sich gerade anschickt, an ihm vorbeizuziehen. Um die vier Trabanten an einem bestimmten Datum zu erkennen, muss man ebenfalls eine astronomische Zeitschrift zu Rate ziehen. Ein weiterer interessanter Faktor ist, dass diese vier Monde mit einer solchen Geschwindigkeit kreisen, dass man innerhalb einer viertel Stunde bereits eine leichte Verschiebung der Leuchtpunkte in Bezug auf Jupiter feststellen kann!

Und der Mond?

„Und der Mond?", werden Sie sagen. „Ihn sieht man doch als erstes, noch vor den Planeten und den Sternen!" Sie haben vollkommen Recht und aus diesem Grund haben wir ihm im ersten Band auch ein ganzes Kapitel gewidmet! (vgl. Astronomie – ein Kinderspiel. Sonne, Erde, Mond. Beltz 2006) Ist der Mond an Ihrem Beobachtungsabend sichtbar, werden die Kinder begeistert sein, ihn mit dem Fernglas aus allen Winkeln untersuchen zu können; ansonsten müssen Sie ihm einen eigenen Termin widmen. Und wenn die Kinder vom Mond Skizzen machen, werden Sie feststellen, dass sie die grauen Zonen der „Meere", die sich von den helleren Kraterreliefs seiner „Kontinente" abheben, gut bemerkt haben …

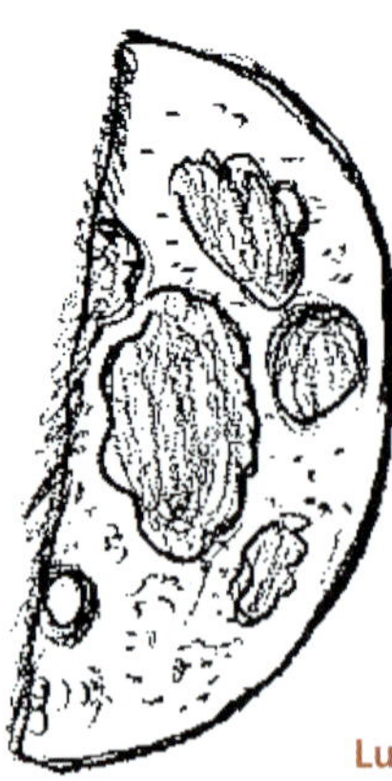

So habe ich gestern Abend mit meinem Fernglas den Mond gesehen

Luc

Mit den Planeten spielen

Mit beleuchteten Planetenkugeln spielen

Mit diesem Simulationsspiel werden Kinder erst einmal entdecken, dass jede Kugel, die sich im Strahl irgendeiner Lichtquelle befindet, eine erleuchtete und eine im Schatten liegende Hälfte hat. Dann, dass ihr Aussehen sich ändert, je nachdem wo der Beobachter sich ihr gegenüber befindet: Die erhellte Seite erscheint mehr oder weniger groß und ihre Form ändert sich, sie kann sogar überhaupt nicht mehr sichtbar sein. Es handelt sich um das Phänomen der Phasen, die es nicht nur für den Mond und die Venus gibt: Für einen Beobachter, der im Weltall spazieren gehen würde, wären alle Planeten des Sonnensystems und ihre Trabanten entsprechend ihrer Phasen sichtbar.

Die Kinder interessieren sich ebenfalls für die geworfenen Schatten und das Phänomen der Sonnenfinsternis, die damit in Zusammenhang steht; nicht nur die Erde ist hiervon betroffen, auch alle anderen Planeten, die einen Trabanten haben.

Die Vorbereitungen

Benötigt wird ein Raum, den man verdunkeln kann. Er muss nicht sehr groß sein, doch sechs bis acht Kinder sollten sich problemlos frei darin bewegen können. Stellen Sie in die Mitte des

Raumes eine kleine Stehlampe (mit einer mattierten Glühbirne mit 60 Watt) ohne Lampenschirm auf eine stabile Stütze. Am besten steht sie in Augenhöhe der Kinder. Verteilen Sie um die Lampe herum in verschiedenen Abständen, jedoch alle auf der gleichen Höhe, leichte Kugeln mit unterschiedlichem Durchmesser (zwei Bälle, drei Tennisbälle, vier oder fünf Styroporbälle und Watte- oder Papierkugeln): Hängen Sie die Kugeln an Seilen auf, die zwischen den Wänden gespannt werden oder von der Decke hängen. Bereiten Sie zusätzlich einige Wattekugeln und das Saturnmodell vor, das nur auf den Stricknadeln ruht und so auch in der Hand gehalten werden kann.

Die Phasen mittels der beleuchteten Kugeln entdecken

Während die Lampe erleuchtet ist, bewegen sich die Kinder abwechselnd in kleinen Gruppen zwischen den Kugeln. Sie stellen fest, dass jede Kugel, egal wie groß oder wie ihre Position der Lampe gegenüber ist, immer eine beleuchtete und eine im Schatten liegende Hälfte hat (bei einer anderen Gelegenheit werden sie das Gleiche feststellen, wenn sie Kugeln ins Sonnenlicht halten).

Fordern Sie die Kinder anschließend auf, einzeln jeweils um eine Kugel herum zu gehen, dabei immer wieder stehen zu bleiben und zu kommentieren, was sie sehen: „Es sieht aus, als wäre meine Kugel ganz erleuchtet! Jetzt sehe ich ihr Licht, das abnimmt, und der Schatten wird größer … Und er kommt schon bis zur Hälfte der runden Scheibe: Jetzt sehe ich genauso viel Schatten wie Licht! Guck mal, das Licht geht immer mehr zurück: Es sieht aus wie eine Banane, die ganz dünn wird. Fertig! Jetzt sehe ich gar kein Licht mehr! Doch, jetzt fängt es wieder an! Jetzt wird das Licht immer größer und nimmt den Platz des Schattens ein."

Anschließend stellen sich die Kinder dem Kugel-Aufbau gegenüber auf: Ohne dass sie sich bewegen, beobachten sie eine Kugel nach der anderen. Und sie werden sehr erstaunt darüber sein, dass sie alle die Lichtformen, die sie vorher an einer einzigen Kugel beobachtet haben, wiederfinden. Die Kinder rücken etwas voneinander ab, jedes nimmt eine Wattekugel in die Hand. Indem sie diese mit einer Stricknadel auf Augenhöhe halten, drehen sie sich langsam um sich selbst und finden hierbei wieder alle Phasen. Machen Sie den Kindern deutlich, dass es sich bei dieser Simulation um die Phasen des Mondes handelt, wobei ihr Kopf die Rolle des Planeten Erde einnimmt. Wenn die Kinder von diesem Thema begeistert sind, finden Sie im vorherigen Band (➛ Astronomie – ein Kinderspiel. Sonne, Erde, Mond, Beltz 2006) zahlreiche Beispiele, die sich darauf beziehen. Nachfolgend ein weiteres Beispiel, das durch die Zeichnung (➛ S. 63) erklärt wird: Die beiden Kinder sitzen auf einer Unterlage, die die Erde symbolisiert. Sie führen eine langsame Drehung durch und schauen dabei aufmerksam die nacheinander auftauchenden Mondkugeln an. Diese wurden vorab halbseitig mit schwarzer Tinte angemalt, ihre weiße Seite (die „erleuchtete" Seite) ist einer „fiktiven" Sonne zugewandt, die sich links befindet. Sie sehen also die Phasen an sich vorbeiziehen, die denen unseres Trabanten ähneln.

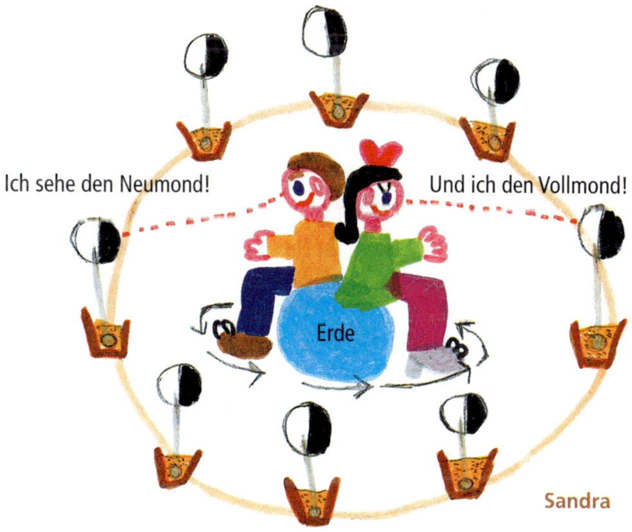

Einen Schatten werfen und damit spielen

Bei den vorausgegangenen Simulationen konnten die Kinder feststellen, dass die Schatten der Kugeln auf die umliegenden Wände geworfen werden. Mit weiteren Spielen werden sie zusätzliche Erkenntnisse erhalten, so auch das Entdecken der Sonnenfinsternis. Mit der gleichen Installation werden nur die vier oder fünf größten Planetenkugeln behalten. Verteilen Sie diese an jeweils zwei Kinder, von denen jedes eine Mond-Kugel auf einer Stricknadel hält. Fordern Sie die Kinder auf, nacheinander einmal ihren „Mond“ hinter ihrem „Planeten“ in Bezug auf ihre „Sonne“ vorbeiziehen zu lassen, und dabei zu beobachten, was passiert: „Guck mal, jetzt geht mein Mond auf einmal aus! … Und jetzt geht er wieder an!“ „Meiner auch, der macht das genauso!“ „Eh, das ist wie verzaubert!“

Schlagen Sie vor, dass die Kinder die Entfernung des Mondes variieren, wenn er hinter dem Planeten vorbeizieht: „Das ist egal, ob der Mond ganz nahe oder ganz weit weg ist!“ „Also, ich habe alles verstanden: Das ist so, weil es hinter dem Planeten kein Licht mehr gibt. Er hält das Licht der Lampe ab!“ „Ja! Und deshalb sieht man auch kleine Schattenkreise auf der Wand!“

Die Kinder werden feststellen, dass die Schatten keine Konsistenz haben: Sie sind nur fehlendes Licht, und zwar dreidimensional. Doch meistens werden sie nur auf zwei Dimensionen reduziert – auf den geworfenen Schatten –, und man vergisst, dass der Schatten sich auch in der Tiefe des Raumes ausdehnt.

Warten Sie ab, dass die kleinen Schlauberger ihre Simulationen verbessern: „Ich kann erraten, in welchem Moment mein Mond ausgeht und wann er wieder angeht!“ „Wie machst du das?“ „Ich schaue auf die Wand, um zu sehen, wann der kleine runde Schatten in den großen übergeht: Der Mond erlischt im gleichen Moment! Und wenn ich mache, dass er wieder rausgeht, geht der Mond auch wieder an!“

Bevor Sie weitermachen, müssen Sie nur noch die genauen Begriffe erklären: Die Mondkugel erlischt nicht, sondern verdunkelt sich, sie geht nicht wieder an, sondern wird erhellt.

Den Mechanismus einer Finsternis entdecken

Nutzen Sie die Gelegenheit, um zu erklären, dass das vorherige Spiel ein Phänomen wiedergibt, das man Mondfinsternis nennt: Indem der Mond um die Erde kreist kann er auch in den Schatten der Erde eintreten (dann liegen die drei Himmelskörper Mond, Erde und Sonne auf einer Linie). Die Erdbewohner auf der „Nachtseite" sehen, wie sich der Mond verdunkelt … (➤ S. 65) Und sofort werden die Kinder sich damit amüsieren, ihre Mondkugel um ihren Planeten kreisen zu lassen, eine Mondfinsternis zu simulieren, als wäre sie wahr …

Aber wenn der Mond eine komplette Drehung vollzieht und vor dem Planeten vorbeizieht, werden Sie bestimmt hören: „Seht! Man sieht den kleinen Schatten meines Mondes, der auf dem Planeten wandert!" „Ach ja! Jetzt ist es das Gegenteil: Jetzt ist der Planet hinter dem Mond! Aber der Schatten des Mondes ist zu klein, um alles zu verdunkeln!"

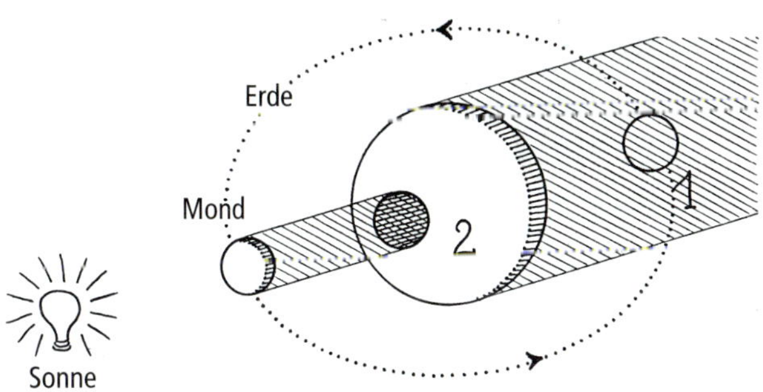

1. Mondfinsternis
2. Sonnenfinsternis

Für die Kinder erscheint es logisch, dass diesmal der „Planet" in der Finsternis-Position ist … Wie kann man ihnen verständlich machen, dass die Erwachsenen dieses Phänomen seltsamerweise eine Sonnenfinsternis nennen? Das ist ganz einfach. Schlagen Sie ihnen folgendes Experiment vor: Ihr Kopf stellt den Planeten dar, und sie werden … ihre Augen verdunkeln! Ein garantierter Erfolg.

In jeder Zweiergruppe dreht sich nun ein Kind der Lampe zu, schließt die Augen und hält mit einer Hand ein Auge zu. Das andere Kind stellt sich etwas weiter weg und lässt einen „Mond" vor dem erhellten Gesicht seines Freundes vorbeiziehen (in etwa 30 cm Abstand, je nach Größe der Kugel), indem er den Schattenkreis auf das nicht abgedeckte Augen fallen lässt. „Geschafft. Ich habe dein Auge verdunkelt! Mach es auf! Was siehst du?" „Oh, also – ich sehe die Lampe nicht mehr! Der Mond verdeckt sie …"

Die Sonne hat ein Stelldichein mit dem Mond
Laure

Greifen Sie in diesem Moment ein: „Stimmt, du hast Recht! Doch obwohl dein Auge in der Finsternis liegt, nennt man das Ganze keine Augenfinsternis … Rate mal, um was für eine Finsternis es sich handelt, wenn dein Auge die Lampe nicht mehr sieht …" „Also, das ist dann … eine Lampenfinsternis!" „Ganz genau! Und mit der richtigen Sonne wäre es …" „Eine Sonnenfinsternis!"

In den folgenden Tagen sollten Sie den Kindern die Möglichkeit geben, Fotos von Mond- und Sonnenfinsternissen, von der Erde aus gesehen, zu bewundern. Ein im All von der Weltallstation Mir aus aufgenommenes Foto während der totalen Sonnenfinsternis am 11. August 1999 hat es möglich gemacht, die Wanderung des Mondschattens entlang der schottischen Küste sichtbar zu machen. In der gleichen Art haben die Sonden Voyager Fotos von Jupiter und Saturn aufgenommen, auf denen man sehr gut den kleinen Schatten einer ihrer zahlreichen Trabanten erkennt (➛ S. 23). Auf den Gasriesen müssten die Sonnenfinsternisse sehr häufig sein – aus zwei Gründen: Diese Planeten haben eine relativ hohe Anzahl an nahe stehenden Trabanten und eine riesige Größe.

Die Beleuchtung des Saturnmodells

Indem sie das Modell des Planeten Saturn mit der Lampe (oder einer einfachen Taschenlampe) beleuchten, entdecken die Kinder einige Ansichten, wie sie von den Sonden Voyager aufgenommen wurden; insbesondere die, auf denen man den Schatten der Ringe auf dem Planeten sieht und die, auf denen der Schatten des Planeten selbst auf den Ringen liegt. Bei einer langsamen Drehung des Modells sehen sie, wie sich diese Schatten aufbauen. Bestimmt wird mehr als ein Kind diese Gelegenheit dazu benutzen, eine Sonnenfinsternis auf Saturn zu simulieren, indem es mit einem Kügelchen auf einem Lutscherstiel einen Schatten wirft …

Die Schwerkraft auf Saturn simulieren

Nutzen Sie Ihrerseits die Gelegenheit, um die Kinder die Drehung des Saturn um die Sonne simulieren zu lassen: Sie werden verstehen, warum das Aussehen der Ringe von der Erde aus sich so stark ändert, obwohl die Achse Saturns immer zu sich selbst parallel steht. Des Weiteren werden sie sich der Zeitdauer bewusst, die der Zyklus dieses Planeten in Bezug auf die Erde hat, wodurch sie noch einmal eine Idee davon bekommen, wie unermesslich das interplanetarische All ist.

Die Vorbereitungen

Die Achse des Modells muss einen Winkel von fast 30 Grad besitzen, um eine beständige Bewegung haben zu können. Am besten verstellt man die vertikale Halterung: Ziehen Sie diese aus dem Südpol und stecken Sie sie etwas versetzt ein, und zwar so, dass die fiktive Achse, die durch die beiden Pole läuft, sich um etwa 28 Grad geneigt hat. Auf der Umlaufbahn (➛ S. 41) ist es wichtig, dass die Achse unbedingt parallel zu sich selbst bleibt. Bauen Sie das Modell (➛ S. 68) nach und achten Sie dabei auf die Position der Spielfigur in Bezug auf den Ring.

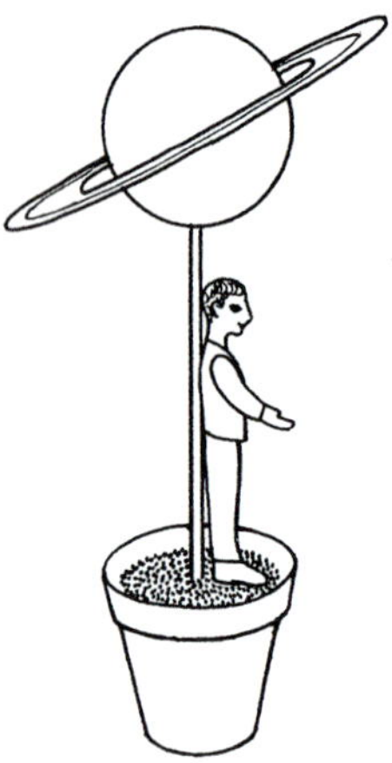

Während der Planet sich auf seiner Laufbahn bewegt, muss die Figur immer in die gleiche Richtung schauen: Es findet so eine Übertragung statt. Stellen Sie die Laufbahn mit einem Seil dar, während ein kleineres Seil die Umlaufbahn der Erde wiedergibt (denken Sie daran, dass die beiden Umlaufbahnen fast Kreisform haben, also runder sind als auf dem Schaubild in perspektivischer Sicht). Stellen Sie in dem Gang zwischen den beiden Seilen vier Markierungen in gleichem Abstand auf und nummerieren Sie sie von 1 bis 4.

Bereiten Sie vier vergrößerte Abbildungen von Saturn vor, die den vier unteren Abbildungen (➛ S. 69) entsprechen. Des Weiteren fertigen Sie vier Bilder von Geburtstagskuchen an, die die Dauer des Umlaufs symbolisieren: Der erste Kuchen am Anfang der Umlaufbahn steht mit der entsprechenden Anzahl an Kerzen für das durchschnittliche Alter der Kinder zu einem festgelegten Zeitpunkt, und der letzte Kuchen kennzeichnet die Ankunft des Planeten dreißig Jahre später …

Jahrgangsporträts

Es wäre ideal, wenn die Simulation in einem Zeitraum stattfinden könnte (z. B. in zwei aufeinanderfolgenden Jahren), während dessen von der Erde aus die Ansicht der Saturnringe einem der vier Jahrgangsbilder entspricht, die alle eine Besonderheit haben. Das war genau im Jahr 2003 der Fall, wie man es auf dem Bild am Markierungspunkt 1 erkennen kann: Die Saturnringe waren am weitesten „geöffnet" und der Südpol gut sichtbar (hierzu können Sie garantiert Fotos finden, allerdings seitenverkehrt, da durch ein Teleskop aufgenommen). Achten Sie auch darauf, dass der Zeitraum von sieben bis acht Jahren zwischen den einzelnen Markierungspunkten bei einer Teilung der dreißig Jahre (die Umlaufzeit) durch Vier kein gerades Ergebnis ergibt.

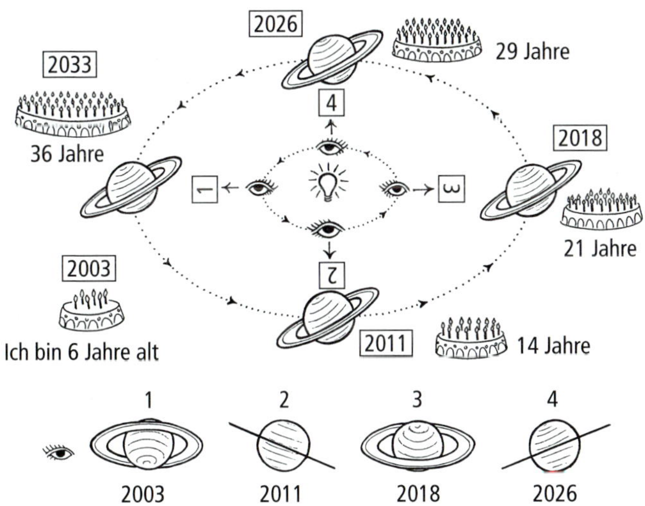

Gehen wir jetzt einmal davon aus, dass Sie mit einer Gruppe von Kindern im Alter von sechs Jahren arbeiten. Hätte Ihre Simulation in 2003 oder 2004 stattgefunden, wäre das Ganze sehr einfach: Der erste Geburtstagskuchen hätte sechs Kerzen wie auf dem Bild und der letzte sechsunddreißig. Findet die Simulation jedoch ein bis fünf Jahre nach dem Jahr 2004 statt, müssen Sie die Kinder jünger machen, um den Ausgangspunkt Saturns und das erste Jahrgangsbild in Übereinstimmung zu bringen (und somit auch die anderen Jahrgangbilder benutzen zu können). In diesem Fall müssen Sie eine bis fünf Kerzen vom Kuchen holen! (Keine Angst, die Kinder verstehen das sehr gut, obwohl sie zum simulierten Zeitpunkt alle noch fast Babys waren). In den Jahren 2011 und 2012 wird das Problem dann wieder schnell behoben sein: Sie versetzen die Markierungen um ein Viertel der Strecke (die erste nimmt den Platz der zweiten ein usw.). Für die folgenden Jahre ergibt sich ein entsprechendes Vorgehen.

Die Simulation

Die Zuschauer setzen sich um den großen Seilkreis. Ein Kind (dem Sie auch die Bilder von Saturn anvertrauen) stellt einen Beobachter auf der Erde dar und begibt sich auf der kleinen Umlaufbahn in die Position 1 (➛ S. 69). Ein anderes Kind wird das Modell, das bereits auf der großen Umlaufbahn ruht, ebenfalls in Position 1 bringen. Die Abbildung (➛ S. 69) zeigt als Beispiel das Jahr 2003 für den Beginn der Umlaufbahn. Die Spielfigur befindet sich also gegenüber der Lampe; anschließend wird sie die „Sonne“ auf Position 2 zu ihrer Linken haben, auf Position 3 hinter sich, auf ihrer Rechten in Position 4 und wieder im Gegenüber auf Position 1.

Zu Beginn zeigt das Erden-Kind den anderen das Bild seiner Ansicht des Modells und legt es dann daneben ab. Fordern Sie das Kind jetzt auf, ein einziges Mal die komplette Umlaufbahn der Erde abzugehen: Machen Sie deutlich, dass in Wirklichkeit während dieser Zeit ein ganzes Jahr vergeht: „Wenn Du losgehst seid ihr alle sechs Jahre alt (zeigen Sie ihnen den ersten Kuchen), und wenn du wieder auf deinem Ausgangspunkt bist, feiert ihr alle euren nächsten Geburtstag!“ Wenn das verstanden ist, fahren Sie fort: „Jetzt gehst du wieder los, aber jetzt drehst du acht Runden anstelle von einer. Und dann gehst du noch etwas weiter bis zu Position 2. Saturn wird auch anfangen zu wandern, doch er legt nur ein kleines Stück Weg zurück: Er bleibt nämlich gleich auf Position 2 stehen. Deshalb muss er ganz langsam wandern, um gleichzeitig mit dir an Position 2 zu halten."

Die beiden Planeten starten und die Zuschauer werden begeistert die Runden laut mitzählen, die das Erden-Kind dreht. Einige überwachen das Kind, das das Saturnmodell auf der Seilumlaufbahn weiterschiebt: „He, Saturn, du gehst zu schnell voran. Jetzt ist es besser … Und pass auf die Spielfigur auf, sie muss immer auf die Wand schauen!" Wenn sie hören: „Achte Runde!" halten die beiden Kinder an der Position 2 an und zeigen das Bild des entsprechenden Kuchens. „14 Kerzen! Wie für deine große Schwester!" Dann schaut sich das Erden-Kind wieder das Modell an, zeigt den anderen Kindern das entsprechende Bild und legt es daneben.

Die Simulation wird in der gleichen Weise für die drei folgenden Abschnitte durchgeführt, und das Modell landet wieder an seinem Ausgangspunkt. Vielleicht hören Sie, während das Bild des letzten Kuchens gezeigt wird: „Wow! Sechsunddreißig Kerzen! So alt ist mein Papa! Werde ich auch ein Papa sein, wenn Saturn seine Runde fertig gedreht hat?" Und ein anderes Kind wird bestimmt hinzufügen: „Sag mal, heißt das, dass Saturn ziemlich langsam ist?" Darauf können Sie antworten: „Im Gegenteil! Er ist schneller als das schnellste Überschallflugzeug!" Die Kinder werden sprachlos sein vor Staunen, um dann zu rufen: „Dann ist das All wirklich groß! Sehr, sehr groß!"

Mit den Symbolen und Namen der Sonnenfamilie spielen

Zahlreiche Beobachtungs-, Erinnerungs- und Logikspiele können mit den Symbolen und Namen der Planeten (ergänzt durch Sonne und Mond) durchgeführt werden.

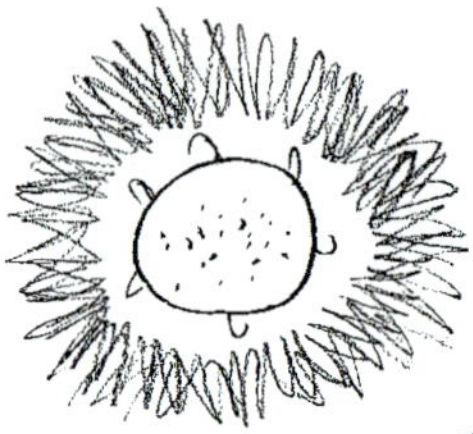

Die Sonne ist eine große Frucht
Sie ist eine große Pampelmuse
Die in der Nacht herabfällt
Die auf das Moos fällt

Die Sonne ☉

Der Mond ist eine Orange
Auf einem schönen Orangenbaum
Eine Orange, die ein Engel
Jede Nacht essen kommt

JEAN-LUC MOREAU
Poèmes de la
souris verte

Der Mond ☾

Da es sich um einfache Zeichen handelt, sind die astronomischen Symbole leichter zu erkennen und zu behalten als die geschriebenen Namen, vor allem dann, wenn die Kinder noch nicht lesen können. Deshalb fangen wir mit Spielen mit den Symbolen an.

Mit den Symbolen spielen

Greifen Sie auf Gruppenspiele zurück; benutzen Sie die Darstellungen der Planeten (➛ S. 31) und ersetzen Sie die Bilder durch Pappetiketten, auf denen jeweils das Symbol eines Mitgliedes der Sonnenfamilie zu erkennen ist. Beginnen Sie mit einem Erkennungs- und Erinnerungsspiel der Zeichen; ein Anordnungsspiel schließt sich an, nachdem das Symbol der Sonne hinzugefügt worden ist, da es als Ausgangspunkt dient. Sobald die Symbole geordnet sind, bieten Sie das „Spiel mit dem verdeckten Symbol" und dann das „Spiel der vertauschten Zeichen" an. Um diese Angebotsreihe abzuschließen und gleichzeitig die Aufmerksamkeit der Kinder zu fesseln, stellen Sie ein neues Spiel vor: das „Spiel mit dem Eindringling". Bereiten Sie hierfür eines der Symbole vor, indem Sie ein Detail hinzufügen oder wegnehmen. Oder Sie wählen ein asymmetrisches Zeichen, um es „gespiegelt" zu reproduzieren: Dieser letzte „Eindringling" ist am schwierigsten zu entdecken, vor allem von kleinen Kindern, deren räumliches Denken noch eingeschränkt ist (➛ S. 74).

Arbeitsblatt 2

Mit den Symbolen der Sonnenfamilie spielen

1. Spiel: Der kleine Sonnenzug

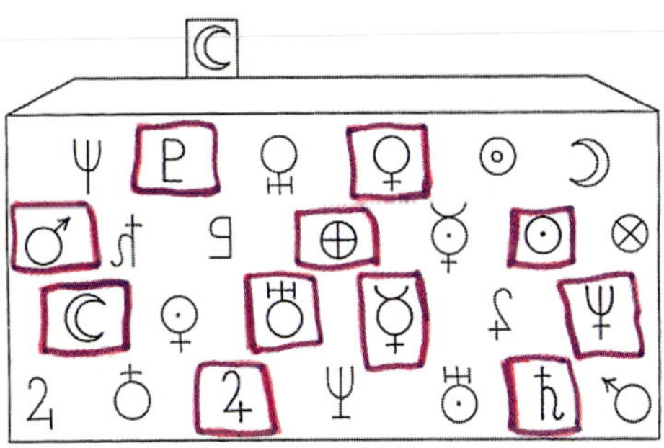

2. Spiel: Das Haus des Mondes

Hier noch ein weiteres Ordnungsspiel, diesmal ein Einzelspiel, das immer einen großen Zuspruch hat: „Der kleine Sonnenzug". Verteilen Sie Blätter mit der Kopie des Arbeitsblattes 2 (➛ S. 203, 210), nachdem Sie die untere Hälfte umgeknickt haben. Mit bunten Filzstiften malen die Kinder einen Rahmen um jedes Symbol, ergänzen ihn durch Räder; anschließend versuchen sie, die Wagons in der richtigen Reihenfolge an die Lokomotive zu hängen, die – selbstverständlich – das Symbol der Sonne trägt!

Ein anderes erfolgreiches Spiel, „Das Haus des Mondes", ist eine Variation des Spiels mit dem Eindringling (➛ S. 203, 210). Es kommt das Symbol unseres Trabanten hinzu. Da er nicht zwischen den Planeten sein kann, sitzt er auf dem Kamin eines großen Hauses „voller falscher und richtiger Symbole". Nur die „richtigen Symbole" haben das Recht, hervorgehoben zu werden, nachdem sie erkannt wurden: Die Kinder zeichnen um sie herum einen Rahmen, der ein Fenster, eine Tür, eine Sitzgelegenheit, ein Bett oder einfach nur einen Bilderrahmen darstellen kann … Aber Achtung: Auch hier sorgen einige „Spiegelsymbole" für Verwirrung!

Mit den Namen spielen

Haben sich die Kinder die Namen der Planeten angeeignet, nachdem sie sie bei verschiedenen Angeboten kopiert haben, werden sie viel Spaß daran haben, das Arbeitsblatt 3 (➛ S. 204, 211) zu benutzen.

Das erste Angebot heißt „Angelspiel": Die Kinder müssen den Namen jedes Himmelskörpers erkennen und mit einer „Angelschnur" dem entsprechenden Symbol zuordnen. Die Kinder, die den geschriebenen Namen noch nicht beherrschen, können sich an den aufgehängten Bildern jedes Himmelskörpers orientieren. Dort steht jeder Name in der gleichen Schrift wie auf den Arbeitsblättern (oder aber in einer anderen Schrift, was eine größere Anstrengung notwendig macht).

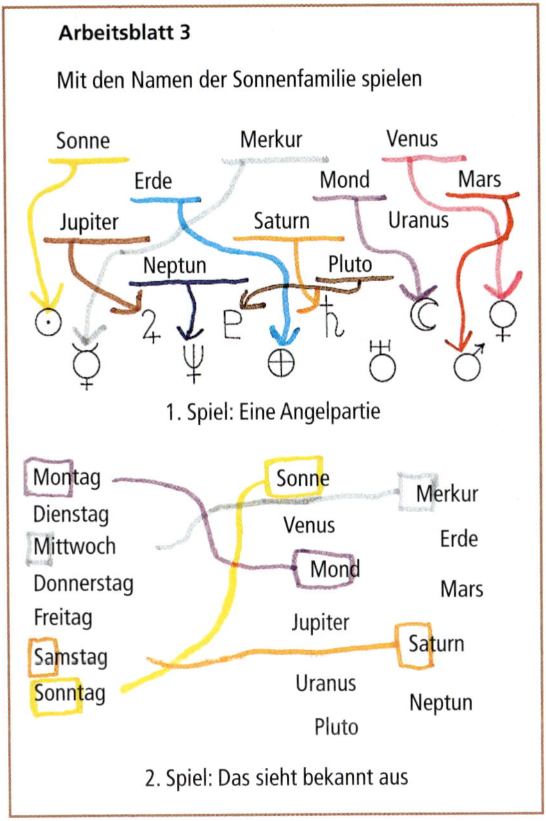

Zu dem zweiten Spiel „Familienzugehörigkeit“ hat mich ein Kind inspiriert, indem es sagte: „Montag ist der Tag des Mondes!“ Als der Satz erst einmal an der Tafel stand, haben die Kinder sehr schnell festgestellt, dass die ersten drei Buchstaben in Montag und Mond gleich sind. (Mireille Hartmann bringt im Original an dieser Stelle noch das Beispiel des Wochentages Dienstag, mardi im Französischen, der durch die Analogie der Laute dem Planeten Mars zugeordnet werden kann. Dies gilt auch für die anderen Wochentage, deren Namen im Französischen stark an die lateinischen Namen angelehnt sind und damit den gleichen Ursprung haben wie die Namen der Planeten. Sie erklärt dies im

Anschluss. Diese „Wortspiele“ sind im Deutschen nicht bzw. nur eingeschränkt möglich. So kann der „Sonntag“ im Deutschen der Sonne zugeordnet werden, was dagegen im Französischen nicht möglich ist: dimanche – soleil. Anm. d. Ü.)

Ein Kind bemerkt: „Aber es gibt drei Planeten, die keinen Tag als Freund haben!“ (Im Französischen sind folgende Tage den entsprechenden Planeten durch die Namen zuzuordnen: Lundi/ Lune – Montag/Mond, Mardi/Mars – Dienstag/Mars, Mercredi/ Mercure – Mittwoch/Merkur, Jeudi/Jupiter – Donnerstag/Jupiter, Vendredi/Venus – Freitag/Venus, Samedi/Saturne – Samstag/Saturn. Anm. d. Ü.) Stimmt: Wenn Uranus, Neptun und Pluto einige Jahrhunderte früher entdeckt worden wären, hätte unsere Woche heute vielleicht zehn Tage anstelle von sieben.

Und jetzt machen wir etwas Neues! Nach all diesen seriösen Spielen ist eine Pause angesagt!

Planeten erfinden

Nachdem die Kinder die „echten“ Planeten gezeichnet haben, dürfen sie ihrer Fantasie freien Lauf lassen und neue erfinden: Sie werden erstaunt sein! Hier eine Auswahl an einfachen Techniken, die eingesetzt werden können und wunderschöne Ergebnisse zeigen.

Planeten mit grafischem Dekor

Sarah

Marc

Zu Beginn können die Kinder nach Lust und Laune Fantasieplaneten zeichnen, indem sie auch reelle Elemente einfließen lassen, die sie bereits in zahlreichen Dokumenten beobachten konnten: Oberflächenmerkmale (Krater, Arenen, Kontinente, Eiskappen …), Merkmale der Atmosphäre (Wolkenbänder, Zyklone …), Ringe. Schauen Sie sich alle Zeichnungen gut an und wählen Sie unter den interessantesten Ideen und Erfindungen diejenigen aus, die für grafische Spiele am besten geeignet sind (➛ S. 76 f.). Machen Sie Vorschläge: „Zeichnet einen Planeten mit einem Wolkenband wie Marc und einen anderen, wie Sarah es gemacht hat …“ Um die Konturen ihrer Planeten zu malen, bedienen sich die Kinder verschiedener kreisrunder oder zylindrischer Gegenstände (Becher, Schalen, Pappteller …). Und sollten Sie den Kindern hier nicht zeigen, wie sie einen Zirkel benutzen können?

Nicolas

Benoit

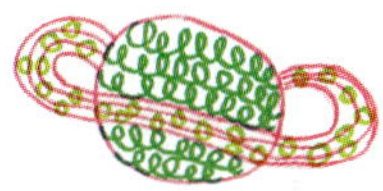

Mathilde

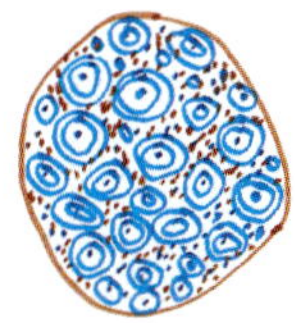

Mourad

Planeten auf nasses Papier malen

Kinder lieben diese Technik ganz besonders, denn so erhalten sie schnell und mit wenig Aufwand wunderbare Resultate. Auf einer großen weißen Pappe, die man am besten vorher mit einem Schwamm nass macht, malen die Kinder mit einem großen weichen Pinsel in leuchtenden Farben sehr unterschiedliche Wolkenbänder: gerade, in Wellen, in Kreiseln, glatt, gefleckt … Auf dem nassen Papier verlaufen die Farben und vermischen sich an manchen Stellen und bilden hübsche Reliefgemälde.

Sind die Bilder ganz trocken, können die Kinder an besonderen Stellen noch einmal verschieden große Kreise einzeichnen. Die Planeten werden anschließend exakt ausgeschnitten und auf schwarzes Tonpapier geklebt. Man erhält eine Tiefenwirkung, indem man einige von ihnen übereinander klebt (➛ S. 78).

Witzige Planeten

Auch diese Idee stammt von einem Kind, das mir eines Morgens lachend sein Bild zeigte: „Hast du meine witzigen Planeten gesehen? Das hier ist der Geschenkplanet, daneben ist der Augenplanet und der andere ist der Bonbonplanet! Und jetzt male ich noch einen Herzplaneten …“ Die Idee wurde sofort von der ganzen Gruppe aufgegriffen. In diesem Jahr – wie auch in den folgenden – habe ich eine Schar von Planeten entstehen sehen, einer origineller als der andere …

Marc Seltsame Planeten!

Dieses Spiel wird einen großen Erfolg bei den Kindern haben, vor allem bei denen mit einer lebhaften Fantasie; doch nehmen Sie keinen Anstoß, wenn einige ihrer Erfindungen weit von der wissenschaftlichen Erkenntnis abweichen … Ich erinnere mich ganz besonders an einen „Windmühlenplaneten“ mit zwei Ringen, die im rechten Winkel zueinander standen! Ein anderes Kind hatte diese Idee aufgegriffen und noch weitere Ringpaare in einem Winkel von 45 Grad hinzugefügt: „Die Ringe sind wie Margeritenblätter, und das sieht sogar aus wie ein Planet der englischen Fahne!“

Éric

Thierry

Dreidimensionale Planeten

Die Kinder werden sehr schnell den Wunsch haben, dreidimensionale Planten zu basteln: Für die Planeten mit geringem Durchmesser benutzt man am besten Styroporkugeln, die man mit Acrylfarbe anmalt (stecken Sie die Kugeln vorher auf eine Stricknadel). Für einen Durchmesser zwischen 12 und 25 Zentimetern kann man einen alten Ball nutzen, den man entweder direkt anmalt oder ihn vorher mit Gips, Spachtelmasse oder Holzpaste eingehüllt hat. Das interessante an diesen Materialien ist, dass man mit ihnen Oberflächenelemente modellieren kann: Arenen, Vulkane, Gebirgsketten, Schluchten …

Für einen noch größeren Durchmesser müssen Sie (außer Sie verwenden einen großen Wasserball) einen kugelförmigen Körper mit einem festen Gerüst bauen: Drei oder vier Ringe werden ineinander verschachtelt und anschließend mit Maschendraht umhüllt. Dieser wird wiederum mit mehreren Schichten Tapetenstreifen (etwa 12 cm breit) beklebt. Überziehen Sie das Ganze mit einer Schicht Gips oder Spachtelmasse und modellieren Sie einige Oberflächenelemente. Das Einarbeiten oder Aufkleben unterschiedlicher Objekte (Perlen, Steinkörnchen, kleine Muscheln, Stoffstückchen …) und das Auftragen von Acrylfarbe gibt ein realistisches und dekoratives Aussehen.

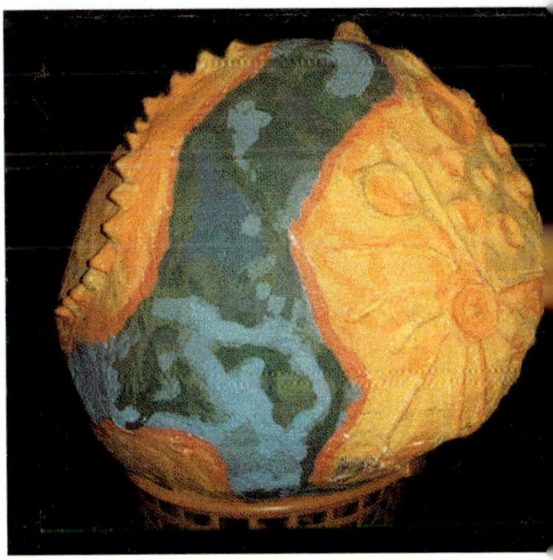

Der Planet wird dann auf einen recht stabilen Zylinder gesetzt (sowohl während der Bearbeitung als auch danach – z.B. einen Schirmständer). Wenn die Kinder sorgsam damit umgehen und den Planeten nicht zu oft herunterwerfen, wird er lange leben und zahlreiche Jahrgänge werden davon profitieren können! Ich kann mich daran erinnern, in meinem Gruppenraum über zehn Jahre lang solch einen Planeten aufbewahrt zu haben, der jedes Jahr aufs Neue den Kindern als „Spielfeld" diente: Sie ließen selbstgebaute kleine Raumschiffe um ihn fliegen und erfanden immer neue Weltraumabenteuer.

Marion

Planeten in Bewegung

Hier ein ergänzendes grafisches Spiel. Wie Sie feststellen werden, ist es etwas normwidrig in Bezug auf die Himmelsmechanik, aber sehr interessant aus ästhetischer Sicht, denn es erlaubt, die Anfertigung von originellen Einzel- und Gruppenwerken (➛ S. 80). Die Kinder müssen sehr aufmerksam und sorgfältig sein und gut auf ihre Gesten achten, was der Freude aber keinen Abbruch tut. Das vorgeschlagene Thema ist einfach: Zeichnet ein vollständiges Planetensystem mit einem großen zentralen Stern und den Planeten, die um ihn kreisen, sowie Monde, die um die Planeten kreisen.

Es geht darum, dass die Kinder ein in sich kohärentes Ganzes schaffen, selbst wenn es nicht exakt ist: Denn die Bewegung jedes Trabanten mit seinem Mutterplaneten kann nicht durch eine in sich geschlossene Kurve wiedergegeben werden. Jeder Mond beschreibt in Wirklichkeit im Raum eine kontinuierliche und gewundene Linie, die den Planeten auf seiner Rundreise um den Stern begleitet (vgl. dazu auch das Mondkapitel in: Astronomie – ein Kinderspiel. Sonne, Erde, Mond, Beltz 2006). Die Zeichnung (➛ S. 80) gibt mit den kleinen konzentrischen Kreisen (die sich außerdem mit den Umlaufbahnen der benachbarten Planeten überschneiden!) eine einfache Sichtweise wieder – so, als wären die Planeten unbeweglich.

Das dem nicht so ist, stört die Kinder keineswegs; sie sind viel zu sehr damit beschäftigt, nicht in bestimmte Fallen zu tappen … Denn ihre ersten Versuche zeigten die Planeten noch alle konzentriert auf den gleichen Bereich des Blattes, aber auch mehrere Monde, die auf der gleichen Umlaufbahn kreisten, einen anderen, der seine Rolle als Trabant vergessen hatte und sich ganz alleine um den Zentralstern drehte, Umlaufbahnen, die sich verformten, bis sie die nächste Umlaufbahn berührten usw. Die äußeren Planeten stellen wegen der Dimension des Blattes auch ein Problem dar: Ihre Wege „hören auf“, um später fortgesetzt zu werden. Einige Gruppenarbeiten an der Tafel erlauben es herauszufinden, wie man diese Schwierigkeit lösen kann. Auch ist es hilfreich, die Monde erst am Schluss zu malen, wenn alle Planeten und ihre Umlaufbahnen bereits eingezeichnet sind.

Vertonte Planeten

Der englische Komponist Gustav Holst schuf Anfang des XX. Jahrhunderts ein Werk mit dem Titel „The Planets“. Dieses Werk illustriert auf sehr suggestive Weise die Charaktere der mythologischen Personen, deren Namen die Planeten tragen (unter ihnen fehlen Gaia, unsere Erde, sowie Pluto, der noch nicht entdeckt war). Die Musik, abwechselnd grandios und poetisch, kann als klangvolle Begleitung der Rollenspiele der Kinder dienen: Die Kinder stellen die sieben Planeten dar – Mars, der Krieger, Venus, die Friedliche, Merkur, der geflügelte Bote, Jupiter, der Fröhliche, Saturn, der Ehrwürdige, Uranus, der Zauberer und Neptun, der Mystische. Da das Gesamtwerk recht lang ist, wählen Sie Ausschnitte, die den Kindern eine bestmögliche Umsetzung in Gestik und Darstellung bieten.

Mit dem Sonnensystem spielen

Das Sonnensystem darstellen

Haben die Kinder erst einmal das vorhergehende Malspiel verstanden, können Sie ihnen vorschlagen, in Gemeinschaftsarbeit das Sonnensystem selbst darzustellen – ganz oder zumindest fast: Denn es wird nicht leicht sind, die Meuten von Trabanten der vier Gasriesen darauf unterzubringen, vorausgesetzt, Sie planen nicht eine Arbeitsoberfläche von mehreren Quadratmetern ein! Es könnten auch nur die größten Monde angemalt werden: vier für Jupiter, fünf oder sechs für Saturn, fünf für Uranus und zwei für Neptun (ihre Namen im Original ➛ S. 36 ff.).

Alle Maltechniken sind selbstverständlich angebracht, aber warum sollte man sie nicht durch Näharbeiten oder Stickereien ersetzen? Jungen wie Mädchen werden sich freuen zu lernen, mit einer Nadel umzugehen! Ein großer goldener Knopf, den man in der Mitte eines großen Stückes marineblauen Filzes näht, stellt die Sonne dar; rundherum wird mit langen Stichen die Sonnenkorona mit goldenem oder silbernem Faden gestickt! Die Planeten und ihre Trabanten werden durch Knöpfe in unterschiedlichen Größen und Farben dargestellt, ihre Ringe durch einen geschmeidigen Messingfaden, der mehrmals um den aufgenähten Knopf geschlungen wird.

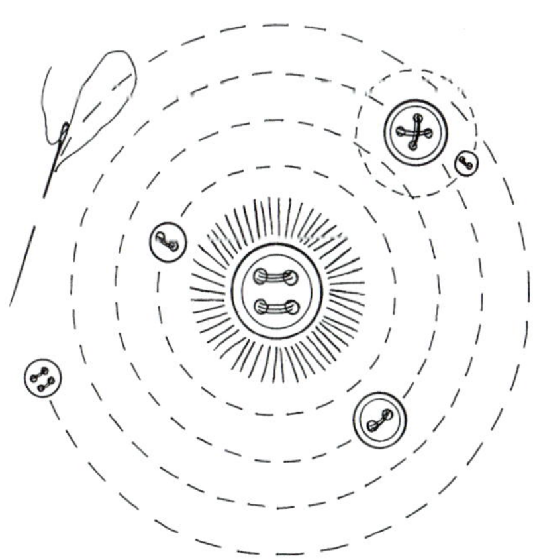

Die Umlaufbahnen werden einfach nur mit einem „Steppstich“ mit dickem Stickgarn gestaltet, wobei die einzelnen Stiche mehr oder weniger lang sind, je nachdem wie groß die Ellipse ist. Die Asteroiden sind Steinperlchen, die mit kleinen Klebepunkten direkt auf den Stoff platziert werden (man kann sie auch ganz geduldig aufnähen!).

Das Sonnensystem nachahmen

Von den Kindern als Schauspieler das Kreisen der Planeten um die Sonne zusammen mit einigen ihrer Trabanten darstellen zu lassen, ist ein schwierigeres Vorhaben als es auf den ersten Blick scheint. Auch wenn man es schafft, dass die Planeten-Kinder ihre Laufbahn auf dem Boden darstellen, gelingt dies kaum für die Mond-Kinder. Außerdem fällt es Letzteren schwer, auf ihrer Umlaufbahn zu bleiben, falls sie nicht ganz einfach unterwegs ihren Planeten verlieren oder sogar zu einem anderen wechseln, ohne es zu merken! Aber gerade weil diese Simulation Aufmerksamkeit und Selbstbeherrschung notwendig macht, sollte sie versucht werden.

Die Vorbereitungen

Beginnen Sie damit, den Raum zu prüfen, der Ihnen zur Verfügung steht: Das große „Karussell“ der neun Planeten benötigt eine freie Strecke – ohne Hindernisse – von zwanzig Metern Länge und Breite! Der Pausenhof, die Turnhalle oder ein Sportplatz eignen sich sehr gut hierfür. Sollten Ihnen kein entsprechender Platz zur Verfügung stehen, führen Sie die Simulation zweimal durch: die irdenen (tellurischen) Planeten zuerst, dann die Gasriesen und Pluto in einem anderen Durchgang.

Stellen Sie die Umlaufbahnen entsprechend der Bodenbeschaffenheit dar, entweder mit Kreide aufgemalt oder mit großen geschmeidigen Seilen, die nicht zu dünn sein dürfen, wenn der Boden steinig oder grasbewachsen ist. Sollte der Ihnen zur Verfügung stehende Raum gerade so groß sein, dass Sie alle neun

Planeten kreisen lassen können, geben Sie der Umlaufbahn von Merkur einen Durchmesser von 80 Zentimetern – nicht mehr, und legen Sie den gleichen Abstand zwischen die drei folgenden Umlaufbahnen. Planen Sie etwa 1,50 Meter zwischen Mars und Jupiter ein, ebenso zwischen den anderen Gasriesen; Pluto kann in nur 80 Zentimeter Abstand von Neptun kreisen.

Sehen Sie zylindrische Kronen für die Kinder vor: Je nachdem, welchen Himmelkörper sie darstellen, sollen sie aussagekräftige Farben haben (golden für die Sonne, kräftiges Blau für die Erde, rot für Mars …) und schreiben Sie den Namen und das entsprechende Symbol darauf. Die Trabanten-Kinder bekommen eine nicht ganz so hohe Krone in der gleichen Farbe wie ihr Mutterplanet (außer dem Mond-Kind, seine Krone wird weiß sein).

Die Simulation

Die Zuschauer setzen sich nebeneinander etwas außerhalb der Umlaufbahn Plutos: Das Sonnensystem wird sich vor ihnen aufbauen – von der Mitte ausgehend, wo ein Sonnen-Kind seinen Platz einnimmt und unbeweglich stehen bleibt (am Anfang drehen sich die darstellenden Kinder nicht um sich selbst). Nachein-

Die Simulation

Florent

ander kommen alle Planeten hinzu – ohne ihre Trabanten – und beginnen sich langsam gegen den Uhrzeigersinn um die Sonne zu drehen. Empfehlen Sie den weiter von der Sonne entfernten Planeten langsamer zu kreisen als die nahestehenden: Dies entspricht der Realität und verhindert, dass die Kinder nicht versuchen, wie eine Herde alle im gleichen Bereich des Raumes zu kreisen.

Ist der Mechanismus einmal gut am Laufen, kommen die Trabanten-Kinder auf die Szene – am Anfang nur eines pro Planet: Sie kreisen recht dicht am Mutterplaneten und haben kaum Schwierigkeiten, ihn auf seiner Reise um die Sonne zu begleiten (➛ S. 85). Dann kommt jeweils der zweite Mond von Mars und der vier Gasriesen hinzu. Da diese zweiten Monde sich schon etwas weiter von ihrem Planeten befinden, müssen die Kinder darauf achten, dass sie ihren Abstand zu ihm einhalten – nicht immer einfach, vor allem, wenn sich die „Umlaufbahnen" annähern, zwei „Planetensysteme" aneinander stoßen!

Nicht weniger als 22 Kinder nehmen an diesem großen Weltraumkarussell teil. Die Anzahl der verbleibenden Zuschauer wird also die Anzahl der Monde bedingen, die man den Gasriesen noch hinzufügen kann. Auch werden die Unfälle auf der Strecke zunehmen: Verrücktes Lachen ist garantiert, vor allem wenn Sie den Kinder vorschlagen, sich auch noch um sich selbst zu drehen …

Das Sonnensystem maßstabsgerecht darstellen

Es ist eine sehr bereichernde, wenn auch nicht sehr gebräuchliche Erfahrung, den gleichen Maßstab anzuwenden, um die Planeten und ihren Abstand zur Sonne darzustellen; das heißt, ein Größenverhältnis, das es erlaubt, sowohl die Globen als auch ihre Umlaufbahnen zu verkleinern. Das bringt die verschiedensten Folgen mit sich … So muss man für einen Planeten Erde, der nicht größer als ein Stecknadelkopf ist, dennoch einen Abstand von 15 Metern zwischen Erde und Sonne einplanen! Und der am weitesten entfernte Planet Pluto, vierzig Mal weiter entfernt, ist ein Grieskörnchen in 600 Metern Abstand!

Doch gerade diese außergewöhnliche Ungleichheit der Planetendurchmesser und der Abstand untereinander sind interessant: Wir lassen die Kinder dies während eines Spaziergangs erleben, bei dem sie „die kleinen Landvermesser des Weltalls" spielen. So bekommen sie ein Bewusstsein dafür, dass das Weltall vor allem leerer Raum ist! (Auf den Schulbänken der weiterführenden Schulen werden sie diese Leere im unendlich Kleinen wiederfinden: So würde ein Wasserstoffatomkern, der die Größe einer kleinen Murmel hat und in der Mitte eines Fußballfeldes platziert würde, sein einziges Elektron auf der Höhe der Tore um sich kreisen sehen, und zwischen ihnen beiden nichts als Leere …)

Entdecken, was ein Maßstab ist

Am einfachsten ist es für die Kinder, die Maßstäbe am Beispiel der Größe eines der größten Kinder zu entdecken. Vor den anderen stellt es sich vor eine Wand, auf der Sie einen Strich mit seiner Größe ziehen. Übertragen Sie diesen auf ein langes Papierband von etwa 10 Zentimeter Breite und bereiten Sie einen zweiten Papierstreifen vor, den Sie daneben legen. „Schaut, auf einem der Streifen, der so groß wie Ludovic ist, werde ich euch etwas zeigen." Falten Sie das Blatt drei Mal zur Hälfte, um acht gleiche Aufteilungen zu erhalten. Markieren Sie die Falzstellen mit einem dicken Filzstift und hängen Sie das Blatt vertikal auf: „Das sieht aus wie eine Messlatte, eine Leiter, aber wer klettert darauf hoch?"

Nehmen Sie den zweiten Papierstreifen, falten Sie ihn ebenfalls in acht Abschnitte und schneiden Sie ein Faltmännchen aus, das Ludovic darstellt. Achten Sie darauf, dass seine Füße und der Kopf jeweils mit den Falzstellen übereinstimmen. Die Kinder werden dies wie folgt kommentieren: „Das sieht aus wie acht kleine Ludo-

Ludovic

vics! Sie passen auf die Messlattenleiter!" Gesagt, getan: Jede Silhouette wird mit einem kleinen Klebepunkt zwischen den einzelnen „Markierungen" befestigt. Die Kinder werden verstehen, dass jede Figur acht Mal kleiner ist als das echte Kind.

Während Sie den Versuch noch einmal mit einem etwas kleineren Kind durchführen, werden die Kinder schon vorab ihre Bemerkungen machen: „Der Papierstreifen von Julia muss auch acht Mal gefaltet werden, damit ihre ausgeschnittenen Püppchen kleiner sind als die von Ludovic. Das sieht dann wie echt aus!" Intuitiv werden sie verstanden haben, dass die beiden Figurenbänder mit unterschiedlicher Länge einen gemeinsamen Teiler haben, damit die beiden Serien der „Püppchen" wirklich die Realität darstellen.

Erklären Sie, wie wichtig es ist, dass die beiden Streifen gefaltet worden sind – und dann unterteilt –, und zwar beide gleich oft und dass man ihnen deshalb einen gleichen Namen gibt: „Indem man den Streifen in acht Teile faltet, erhält man einen Maßstab 1 zu 8, würde man ihn in fünf Teile falten, wäre es ein Maßstab 1 zu 5, würde man tausend Teile falten wäre es ein Maßstab 1 zu 1000 …" Da Kinder große Zahlen lieben, greift eines das Thema vielleicht auf: „Und wenn man eine Milliarde Teile faltet, bekommt man einen Maßstab 1 zu einer Milliarde!"

Die Planeten im Maßstab einiger Früchte darstellen

Im Rahmen eines weiteren Angebotes können Sie zeigen, wie man den gleichen Vorgang nutzen kann, um mit anderen Maßstäben jedweden Gegenstand darzustellen, vor allem kugelförmige Objekte wie zum Beispiel Bälle. Auch wenn das Vermessen schwieriger ist, da sie eine sehr kleine Auflagefläche haben!

Die Kinder werden sich damit vergnügen, diese Auflagefläche durch eine Platte aus festem Karton zu ersetzen, die sie horizontal auf den Ball legen; den Ball legen sie dann wiederum auf den Boden vor eine Wand, auf die sie seine Höhe einzeichnen, das heißt, seinen Durchmesser. Den übertragen die Kinder auf einen Papierstreifen, den sie anschließend in zwei, vier, acht oder sogar sechzehn Teile falten, um dann zwischen jeweils zwei „Markierungen" die Silhouette ihres verkleinerten Balls zu zeichnen.

Von den Kugelobjekten zu den Planeten ist es nur ein Schritt, den die Kinder munter machen werden, indem sie folgende Geschichte hören: „Ein Superriese will die neun Mini-Silhouetten der Planeten in einem Gruppenraum unterbringen. Dafür muss er die neun Papierstreifen nicht in zwei, vier, acht oder sechzehn Teile falten, sondern in achtzehn Millionen Teile! Und die Silhouette Jupiters passt gerade mal so rein mit seinem Durchmesser von acht Metern … Aber dieser Riese will für die Kinder auch eine Überraschung vorbereiten: Er faltet die acht Streifen immer weiter, bis die Silhouetten die Größe von Früchten haben …" Sie haben die acht Kreise im Vorfeld der nachfolgenden Maße auf Pappe vorbereitet. Diese stellen einen Maßstab von 1 zu 630 Millionen dar!

Planeten	Durchmesser im Maßstab 1/630 000 000	Entsprechendes Obst
Merkur	0,8 cm	Rote Johannisbeere
Venus	1,8 cm	Traube
Erde	2 cm	Kirsche
Mars	1 cm	Schwarze Johannisbeere
Jupiter	23 cm	Wassermelone
Saturn	19 cm	Melone
Uranus	8 cm	Pfirsich
Neptun	7,5 cm	Mandarine
Pluto	0,6 cm	Rote Johannisbeere

Färben Sie die Planetenscheiben so realistisch wie möglich ein, schneiden Sie sie aus und legen Sie sie dann umgedreht aus, damit die Kinder versuchen selbst herauszufinden, um welche Früchte es sich handelt. Nur die Sonne kann durch keine Frucht auf der Erde dargestellt werden, denn bei diesem Maßstab müsste sie einen Durchmesser von 2,20 Metern haben!

Einen Maßstab für die Entfernungen erstellen

Die Kinder setzen sich im Kreis; Ludovic und Julia stellen sich in diesem Kreis einander gegenüber mit einigen Metern Abstand auf. Zwischen ihnen liegt auf dem Boden ein gespanntes Seil, das ihren Abstand darstellt. Daneben befinden sich zwei Papierpüppchen im Maßstab 1 zu 8, die sich mit Hilfe eines Pappkartons auf der Rückseite ebenfalls in einem noch zu definierenden Abstand gegenüber stehen.

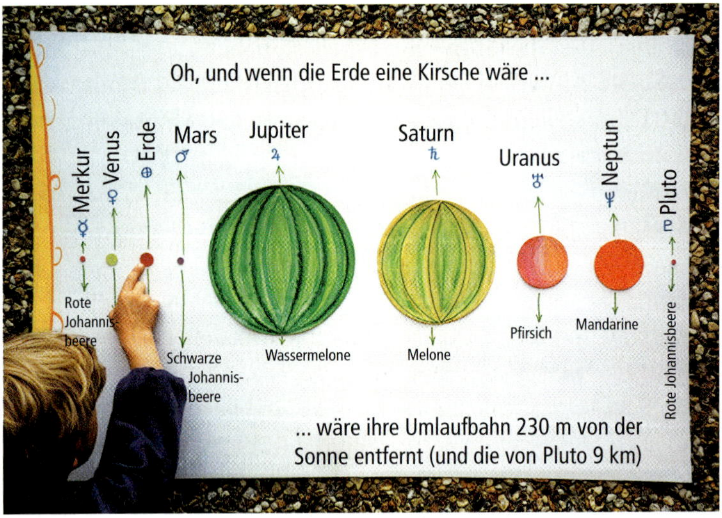

Nach einigen Annäherungsversuchen wird ein Kind das richtige Vorgehen finden: „Wir müssen nur ein anderes großes Seil nehmen, das genauso groß ist wie das auf dem Boden! Wir knicken es in acht Teile, wie wir es mit dem Papierstreifen gemacht haben, und dann schneiden wir es an den Knickstellen durch: So bekommen wir acht kleine Seilchen. Davon nehmen wir dann eines und legen es zwischen die beiden Püppchen."

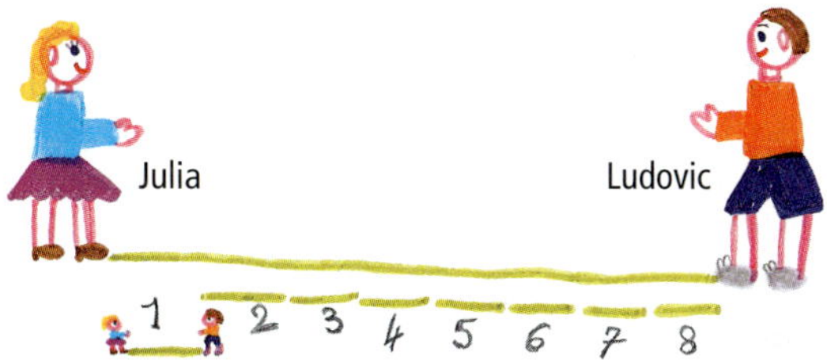

Der Vorschlag wird sofort umgesetzt. Während jeder die beiden Pärchen in Bezug auf Größe und Abstand begutacht, kommen erste Kommentare: „Wenn wir das zweite Seil nur in vier Teile geknickt hätten, ständen die beiden Püppchen zu weit auseinander." „Ja, aber wenn man es mehr als acht Mal geknickt hätte, wären sie zu dicht beieinander!" „Dann hätten wir auch die Püppchen noch einmal falten müssen, damit sie kleiner werden und dann wäre alles wieder wie echt gewesen!"

Das Sonnensystem in zehnmilliardenfacher Verkleinerung erschaffen

Fangen Sie wieder mit dem Riesen an. Glücklich darüber, dass er die Planeten im Maßstab einiger Früchte hat modellieren können, möchte er jetzt sehen, wie es mit ihrem Abstand zur Sonne aussieht: „Stellt euch vor, unser Super-Riese hat ein langes, sehr, sehr langes Seil zwischen dem Planeten Erde und der Sonne gespannt ... Und jetzt amüsiert er sich damit, es so oft zu knicken wie er die Papierstreifen gefaltet hat, die er gebraucht hat, um eine Kirschen-Erde und die anderen Früchte-Planeten zu erhalten, das heißt in 630 Millionen Teile. Ihr meint vielleicht, dass die Seilstücke, die man bekommt, wenn man das Seil an den Knicken durchschneidet, auch sehr klein sind? Nun, eben nicht! Man könnte eines von ihnen zwischen dem Kindergarten und der Apotheke in der Nähe des Supermarktes spannen!“ (In unserem Fallbeispiel sind das 230 Meter. Sie wählen in der Nähe Ihres Kindergartens ein ähnliches Beispiel aus, einen Ort, der den Kindern gut bekannt ist und es ihnen erlaubt, sich den Abstand vorzustellen.)

Zuerst sind die Kinder erstaunt, doch schnell kommt die Frage: „Und was ist mit der Pluto-Johannisbeere?“ Sie werden wirklich verblüfft sein zu hören, dass Sie ihnen einen Ort in neun Kilometer Abstand zum Kindergarten nennen werden! „Oh, dann bräuchten wir ja einen Bus, wenn wir Pluto Guten Tag sagen wollten!“ Um Abhilfe zu schaffen, wird unser Riese seinen Durchmesser-Streifen und sein Abstandsseil weiter falten, um so einen Abstand zu erhalten, der die 600 Meter nicht überschreitet: Der Gruppe wird ein kleiner Spaziergang vorgeschlagen … „Dann faltet er also bis zu einer Milliarde?“ „Nein, noch viel mehr: zehn Milliarden.“ Dann wäre die Mini-Erde nicht weiter vom Kindergarten entfernt als das Gebäude gegenüber und Pluto wie der Parkplatz des Supermarktes (was 15 und 600 Metern entsprechen würde)!

Planeten	Wirklicher Durchmesser (in km)	10-Milliardstel Durchmesser (in mm)	Wirklicher Abstand zur Sonne (in km)	Distanz zur Sonne im Maßstab (in mm)
Sonne	1 400 000	140,00	–	–
Merkur	4800	0,48	58 000 000	5,8
Venus	12 200	1,2	110 000 000	11
Erde	12 750	1,2	150 000 000	15
Mars	6700	0,6	230 000 000	23
Jupiter	143 000	14,3	780 000 000	78
Saturn	122 000	12,2	1 400 000 000	140
Uranus	52 000	5,2	2 900 000 000	290
Neptun	48 000	4,8	4 500 000 000	450
Pluto	4000	0,4	5 900 000 000	590

Tatsächlich ist der gewählte Maßstab mit Blick auf die irdenen (tellurischen) Planeten beschränkt: Die Erde wie auch Venus sind kaum größer als ein Stecknadelkopf, wohingegen Pluto, Mars und Merkur auf Grieskorngröße reduziert werden (bevor diese gekocht werden!). Die Tabelle (➛ S. 92) zeigt die wirklichen Durchmesser und Abstände und dann noch einmal die angepassten Maßeinheiten im Maßstab 1 zu 10 000 000 000.

Eine Miniatursonne und ihre Planeten basteln

Orientieren Sie sich an der dritten Spalte auf der Tabelle (➛ S. 92) und zeichnen Sie die Umrisse der Miniatur-Planeten auf ein viereckiges Stück Pappe, wobei sich die kleinsten Planeten selbstverständlich auf einen Punkt reduzieren. Die Kinder können dann die Namen und Symbole ergänzen. Die Bilder können im Laufe des Simulationsspaziergangs benutzt werden, doch die Kinder werden ganz bestimmt vorschlagen, Mini-Planeten aus kleinen Knetekugeln oder Perlen und eine Sonne aus einem Ball zu basteln … Sie geben den Kindern selbstverständlich die Möglichkeit, ihren Wunsch umzusetzen, ohne allzu anspruchsvoll im Hinblick auf die Größenverhältnisse zu sein. Das wichtigste für die Kinder

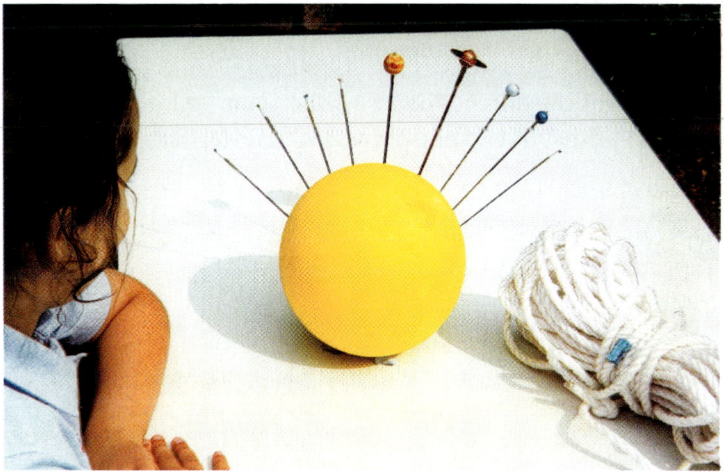

ist, dass sie sich anhand altersgerechter Beispiele eines bestimmten Größenmaßstabes bewusst werden – ein Durchmesserunterschied von ein oder zwei Millimetern hat für sie zum Beispiel kaum eine Bedeutung.

Lassen Sie die Kinder unter den Perlen und gläsernen Stecknadelköpfen wählen – diese sind weniger empfindlich als die vorgeschlagenen Kügelchen aus Knetmasse. Außerdem passen sie besser – sowohl von der Größe als auch durch ihre vielsagenden Farben her. Für die Gasriesen kann die Suche unter den größeren Perlen fortgesetzt werden, und Saturn kann sogar einen kleinen Pappring bekommen. Jeder Mini-Planet wird auf einer Stricknadel befestigt, und diese werden wie ein Fächer um den gelb angemalten Sonnen-Ball angeordnet, der nur auf die Simulation wartet.

Bereiten Sie das „Fließband der Landvermesser" vor

Diesmal werden die Abstände der einzelnen planetarischen Umlaufbahnen untereinander berücksichtigt. In der Tabelle (➛ S. 95) sind sie als astronomische Einheiten (AE) aufgeführt. Diese Einheit, mit der man den Abstand Erde-Sonne (150 Millionen km) misst, wird gemeinhin von den Astronomen benutzt: warum also nicht auch von den Kindern?

Veranschaulicht durch eine 15 Meter lange Nylonschnur wird dieses „Fließband der Landvermesser" in zwei Teile gefaltet, um

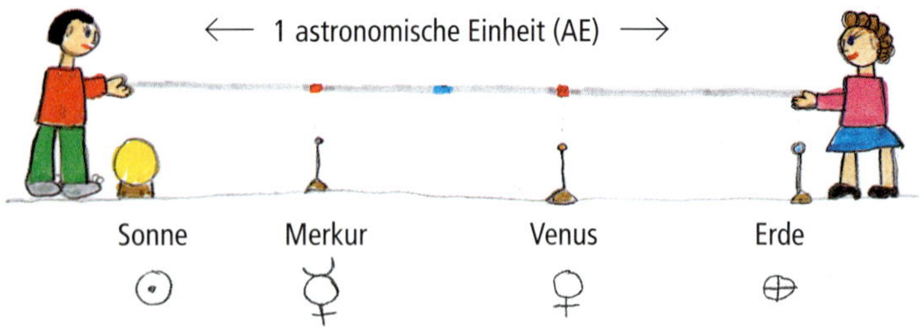

den Wert einer halben AE sichtbar zu machen (mit einem Stück buntem Klebeband); verfahren Sie genauso, um 1 AE zu erhalten: Sie benötigen diese Unterteilungen, um einige Planeten annäherungsweise aber einfach zu platzieren.

Halten Sie fest, dass Sie durch die Addition aller Abstände die 40 AE wiederfinden, die den Abstand zwischen Pluto und der Sonne ausmachen (➛ S. 29); 40 x 15 Meter ergeben 600 Meter – eine Strecke außerhalb des Kindergartens, die unsere jungen Landvermesser mit Hilfe ihres Seiles abmessen und mit ihren Miniatur-Planeten kennzeichnen werden.

Berücksichtigter Abstand	**Annähende Auswertung in AE (astronomischen Einheit)**
Von der Sonne zum Merkur	⅓ AE
Vom Merkur zur Venus	⅓ AE
Von der Venus zur Erde	⅓ AE
Von der Erde zum Mars	½ AE
Vom Mars zum Jupiter	3 AE + ½ AE
Vom Jupiter zum Saturn	4 AE
Vom Saturn zum Uranus	10 AE
Vom Uranus zum Neptun	11 AE
Vom Neptun zum Pluto	10 AE

Die Simulation vorbereiten

Es wäre ideal, wenn Sie eine gerade Strecke von 600 Metern Länge hätten … Ist dies nicht der Fall, ist noch nichts verloren: Die Umlaufbahnen der Planeten, die sich oberhalb der zur Verfügung stehenden geraden Linie befinden, werden an anderer Stelle aus der „Vogelperspektive“ auf dem Lageplan veranschaulicht (➛ S. 98). Nehmen Sie schon einmal vorab eine erste Ortung auf diesem Plan vor und beachten Sie dabei genauestens die angegebenen Maßstäbe. Nehmen Sie anschließend das Seil und begeben Sie sich mit einer anderen Person vor Ort, um die reellen Maße zu nehmen: Achten Sie darauf, dass kein Planet auf einer Kreuzung oder einem Bahnübergang zu liegen kommt. Wenn nötig, verschieben Sie den Ausgangspunkt.

Mit Hilfe eines kleinen Seilchens erklären Sie den Kindern den Vorgang des Landvermessens. Am Vortag der Simulation zeigen Sie ihnen, wie sie sich auf die ganze Länge der 15 Meter des Seils verteilen müssen, indem sie sich abwechselnd auf der einen und der anderen Seite aufstellen, um sich nicht gegenseitig zu stören und dabei das Seil in der Hand halten. Planen Sie ein, sich von mindestens zwei Erwachsenen helfen zu lassen.

Am Tag X nehmen Sie das Seil, die Miniatur-Himmelskörper und Kreise mit, um deren Symbole auf den Teer aufmalen zu können, sobald ihre Position feststeht (wenn die Mini-Planeten vor Ort verbleiben können, bis Sie wieder zurückkommen; nehmen Sie auch Modelliermasse mit, aus der Sie Ständer kneten, in die Sie die Stricknadeln stecken). Und sollte es auf der Straße sehr laut sein, nehmen Sie eine kleine Pfeife mit, damit das Signal für das Weitergehen und das Anhalten von allen Kindern gut gehört wird.

Den verkleinerten Weltraum des Sonnensystems vermessen

Ist die Sonne erst einmal am Ausgangspunkt platziert und ihr Symbol mit Kreide aufgemalt, wird das Seil, das von allen Kindern gehalten wird, von ihr bis zur ersten Zwischenetappe gespannt: Vorne, am äußersten Seilende, das vom Kind am „Kopfende“ gehalten wird, befindet sich die Position des Planeten Erde, wohingegen die beiden Markierungen ⅓ und ⅔ die Positionen von Merkur und Venus anzeigen. Danach setzt sich die Kolonne der kleinen „Landvermesser im Weltall“ wieder in langsame Bewegung, doch hält sie sofort wieder an, sobald das Kind am hinteren Ende das auf den Boden gemalte Symbol des Planeten Erde erreicht hat: Jetzt spannt sich das Seil, um den Planeten Mars auf der Höhe der Markierung ½ AE zu platzieren. Die zweite Hälfte des Seils wird für den nächsten Planeten genutzt, allerdings müssen 3 AE hinzugefügt werden: Die Kolonne bricht wieder auf, diesmal für drei Seillängen, um Jupiter zu platzieren.

Und so werden nach und nach alle Planeten im „Weltall“ aufgestellt. Die Kinder sind zutiefst von der Ungleichheit ihrer kleinen Planeten und ihrer Abstände beeindruckt. Abstände, die ihnen unglaublich weit vorkommen, vor allem, wenn sie bei den letzten Planeten angekommen sind: „Das Weltall ist wirklich sehr, sehr groß, aber es ist auch fast leer!“

Auf dem Rückweg rollen Sie das Seil auf und die Kinder stellen sich wie üblich auf, um den Weg in umgekehrter Richtung zu machen: Sie werden die auf den Boden gemalten Symbole finden, kreuzen im Vorbeigehen die fiktiven Umlaufbahnen ihrer Mini-Planeten. Und Sie werden sehen, dass unsere „Landvermesser“ ihre Familien auffordern werden, mit ihnen den gleichen Weg noch einmal abzugehen, falls der Regen die Symbole nicht wegwäscht!

Die Umlaufbahnen auf dem Lageplan eintragen

Machen Sie am nächsten Tag Fotokopien des Lageplans der Örtlichkeiten der abgegangenen Strecke und ihrer Umgebung und vergrößern Sie sie mehrfach. Versuchen Sie eine Abmessung von mindestens 60 Zentimeter für die wirklich zurückgelegte Strecke zu erhalten. Sollte dies nicht möglich sein, dann zumindest für den Abschnitt der Umlaufbahn des Planeten Pluto aus der „Vogelperspektive“, falls die letzten Planeten wegen einer fehlenden, ausreichend langen, geradlinigen Strecke nicht platziert werden konnten. Teilen Sie diese Länge durch 40, was den Maßen der AE entspricht: Stellen Sie diese durch ein ganz kurzes Pappstäbchen dar (1,5 cm für eine Gesamtlänge von 60 cm).

Schlagen Sie den Kindern vor, den Simulationsplan nachzumalen, indem sie die Abstände mit einem Pappstäbchen, das die Länge des Seils darstellt, nachmessen. (Sie verstehen von alleine, warum es kaum möglich ist, die Globen in diesem neuen Maßstab zu zeichnen!) Wenn sie ihr Stäbchen ganz genau anlegen, werden die Kinder die Position der Planeten in Bezug auf die Straßenkreuzungen, die Straßeninseln, die Plätze wiederfinden … Danach werden die Umlaufbahnen eingezeichnet, teilweise für die weiter entfernten Planeten, und die Kinder werden Spaß daran haben, einige bekannte Orte auf ihrem Weg zu finden, durch die sie immer wieder gehen!

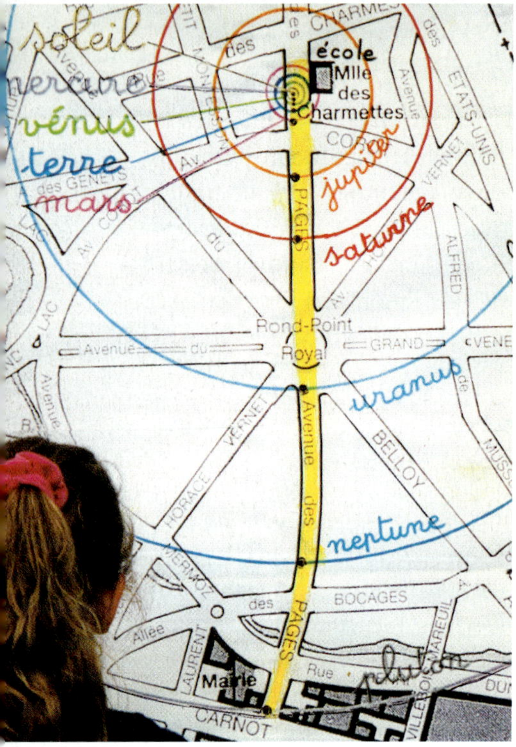

Die Kometen

Kometen, gleichermaßen gefürchtet wie der Donner,
hört auf, die Völker der Erde zu erschrecken:
Beendet eure Reise in einer unendlichen Ellipse;
steigt hinauf, kommt herab in der Nähe des Taggestirns.

VOLTAIRE
Epistel an Frau Marquise
von Châtelet (Auszug)

Eine kurze Einführung

Über Jahrtausende hinweg blieben die Kometen (abgeleitet vom Griechischen kométes) in den Augen der Menschen mysteriöse Objekte, denn ihr Weg am Himmel, im Gegensatz zu dem der Planeten, schien unvorhersehbar. Auch sah man sie als himmlische Zeichen eines guten – aber vor allem – schlimmen Schicksals an.

Der Komet auf dem berühmten Wandteppich von Bayeux kündigt die Niederlage des Königs Harold II. von England vor Wilhelm dem Eroberer im Jahre 1066 an; auf dem von Giotto im XIV. Jahrhundert gemalten Bild „Die Anbetung der Heiligen drei Könige" beherrscht ebenfalls ein Komet die Szene und rühmt die Geburt Christi. Damals wusste man nicht, dass es sich um ein und denselben Planeten handelte …

Das diese Himmelskörper umgebende Geheimnis hielt sich, bis der englische Astronom Halley im XVIII. Jahrhundert nachwies, dass es sich bei diesen Kometen, die im Laufe der vergangenen Jahrhunderte aufgetaucht waren, letztendlich nur um einen handelte, der in regelmäßigen Abständen wiederkam. Halley legte das genaue Datum seiner Rückkehr fest, nachdem er seinen periodischen Rhythmus von 76 Jahren berechnet hatte. Es handelte sich um den berühmten Kometen „Halley" auf dem Wandteppich von Bayeux und dem Bild von Giotto. Seine beiden letzten Durchreisen waren 1910 und 1997 – und die nächste wird im Jahr 2062 sein. Etwas jüngeren Datums, nämlich im Frühjahr 1997, hatten wir die Möglichkeit, den Kometen Hale-Bopp zu beobachten (benannt nach den beiden Amateurastronomen, die ihn als erstes entdeckt haben). Er ist so hell, dass man ihn selbst mitten in einer hellerleuchteten Großstadt am Abend mit bloßem Auge bewundern konnte.

Die Darstellungen zeigen, dass man die Kometen im christlichen Westen als Sterne angesehen hat. Und das, obwohl Chinesen und Griechen Beobachtungen von einer unglaublichen Genauigkeit gemacht hatten. Auch wenn sie die Herkunft und Natur dieser Himmelskörper nicht definieren konnten, hatten sie dennoch die Struktur genau erkannt: ein Kopf, der aus einem von einem Koma umgebenen Kern besteht, verlängert durch einen oder mehrere klar zu unterscheidende Schweife, die einen Schwanz bilden (➛ S. 102).

Heute vergleichen die Astronomen die Kometenkerne mit großen „schmutzigen Schneebällen“: Sie bestehen tatsächlich aus Eis und unterschiedlichen Staubsorten, die manchmal eine schwärzliche, rissige Kruste bilden; ihre Ausmaße sind sehr unterschiedlich und können einige Zig-Kilometer bilden. Diese Blöcke, die noch aus der Zeit der Entstehung des Sonnensystems stammen, hätten alle Bedingungen, die der Geburt der Sonne und der Planeten vorausgegangen seien, „im Gedächtnis behalten“: Aus diesem Grund machen die Wissenschaftler den Kometen zur Stunde ausgiebig den Hof.

Sie scheinen aus weit entfernten Gegenden zu kommen, dem „Reservoir“ von Milliarden von Kometen. Die erste Gegend bildet einen unermesslichen, platten Ring in der Nähe der Umlaufbahn Plutos: Man nennt ihn den Kuipergürtel. Durch die Gravitationskräfte der Riesenplaneten werden einige Blöcke ins Zentrum des Sonnensystems gejagt: So werden sie zu Kernen majestätischer Kometen, die eine lange Reise in Form einer sehr langgestreckten Ellipse, in der die Sonne eine der Brennpunkte ist, beginnen. Die Abstände ihres Erscheinens (Perioden) sind recht kurz, sie können von einigen Jahren bis zu mehreren Jahrhunderten reichen (der Komet Halley ist hierfür ein gutes Beispiel).

Die zweite Gegend, die Oortsche Wolke, ist eine breite, kugelförmige Zone weit außerhalb der Umlaufbahn des Pluto, mit einer Ausdehnung von einem Lichtjahr (ein Lichtjahr entspricht der

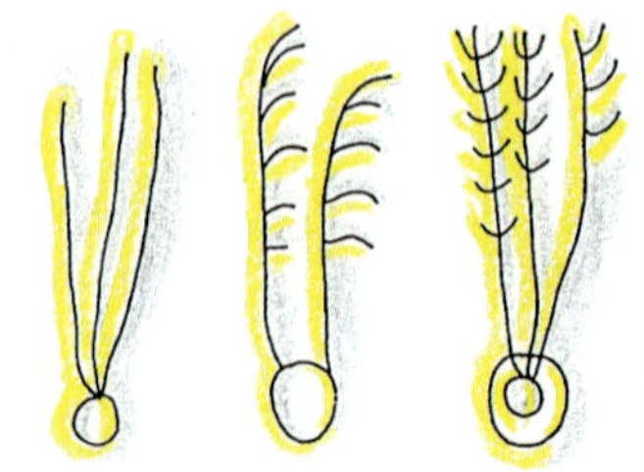

II. Jahrhundert v. Chr. – China
„Kometenatlas"
Grab von Han

I. Jahrhundert n. Chr. – Griechenland
Zeichnung von Plinius entsprechend der „Kosmografie von Helvetius"*

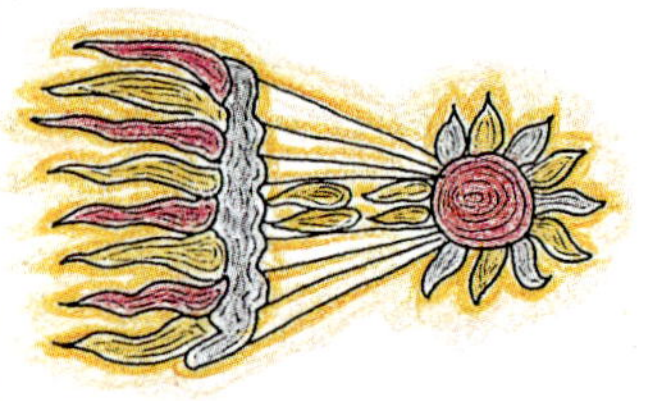

XI. Jahrhundert – Bayeux
„Wandteppich der Königin Mathilde"

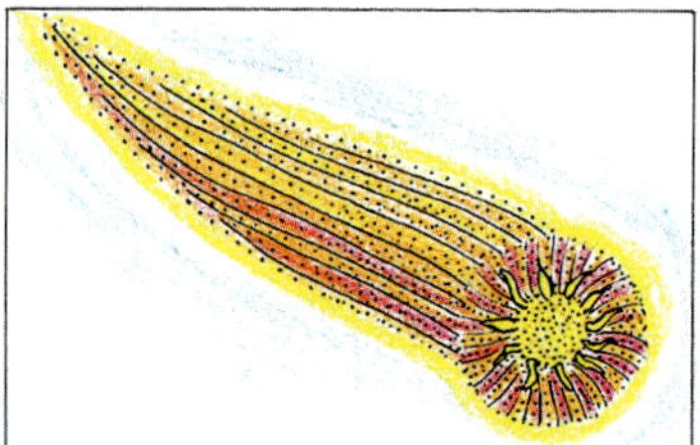

XIV. Jahrhundert – Gemälde
„Die Anbetung der Heiligen Drei Könige" von Giotto

XV. Jahrhundert – Holzdruck
„Nürnberger Chroniken"

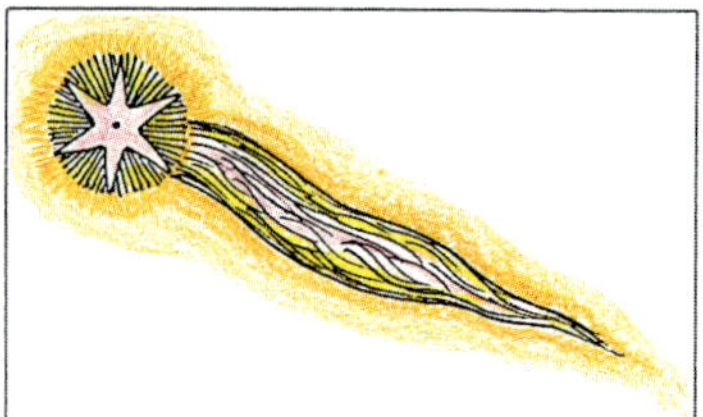

XVII. Jahrhundert – Holzdruck
„Komet über der Stadt Jerusalem"

* („Die Beschreibung der Welt" von Helvetius, Anm. d. Ü.)

Strecke, die das Licht mit einer Geschwindigkeit von 300 000 km pro Sekunde zurücklegt). Einige Blöcke, diesmal durch Gravitation der Nachbarsterne „angeschubst", werden zu Kometen mit wesentlich längeren Perioden (bis zu mehreren tausend Jahren, wie Hale-Bopp) wegen der Unermesslichkeit der von ihnen zurückgelegten Strecken.

Doch nicht alle Umlaufbahnen der Kometen sind elliptisch. Einige haben eine „offene“ Kurve (Parabeln oder Hyperbeln): Die Kometen dieses Typs machen nur eine Reise zum Zentrum des Sonnensystems, außer ihre Gravitationsstörungen im Laufe ihrer Reise „schließen“ ihre Laufbahn. Auf seiner Annäherung an die Sonne wird der Kern nach und nach zum Sitz immer spektakulärer Phänomene.

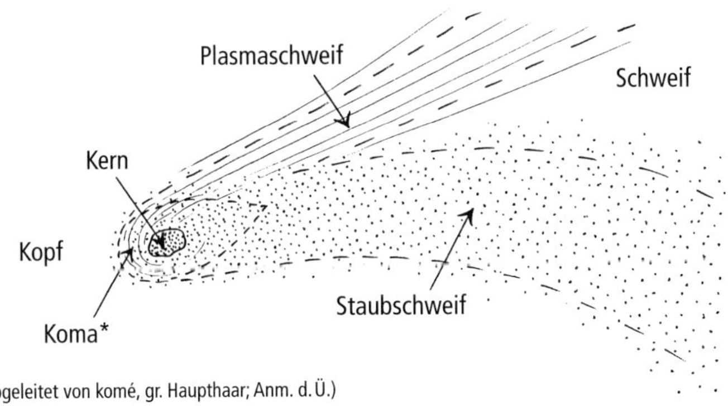

*(abgeleitet von komé, gr. Haupthaar; Anm. d. Ü.)

Als erstes schmilzt das Eis, das er enthält – nicht durch die Wärmewirkung, sondern sublimiert, indem es vom festen direkt in einen gasförmigen Zustand übergeht. Dieses Gas entweicht durch die Risse in der Kruste, indem es Staubpartikel mitnimmt, und hüllt den Kern mit einer Nebelschicht ein, die man Koma nennt, und deren Durchmesser bis zu 1 Million Kilometer erreichen kann. Diese Koma wird anschließend durch den Fluss der Teilchen, die von der Sonne ausgesandt werden, „weggeblasen“ (das, was man Sonnenwind nennt, aber nicht mit unserem irdischen Wind zu vergleichen ist), ebenso wie durch den „Druck“, den das Sonnenlicht ausübt: Ein Schweif erscheint, der nach und nach immer größer wird, bis er eine Länge von mehreren Zig-Millionen Kilometern erreicht, wenn der Komet im Randgebiet unseres Sternes ankommt.

Wie die Teleskopfotos zeigen (➛ S. 99) ist dieser Schweif doppelt: Er setzt sich aus einem bläulichen, fast geraden Gasschweif und einem Staubschweif zusammen. Der zweite ist breiter und weiß, steht etwas ab und krümmt sich mehr oder weniger. Durch die Wirkung der Sonne wird der Schweif immer länger – immer in entgegengesetzter Richtung zur Sonne (➛ S. 104), egal, welche Richtung der Kern auf seiner Umlaufbahn einnimmt: Aus diesem Grund scheint der Schweif, bevor er immer kleiner wird, dem Kometen vorauszueilen, wenn dieser, nachdem er die Sonne umkreist hat, sich von dieser entfernt.

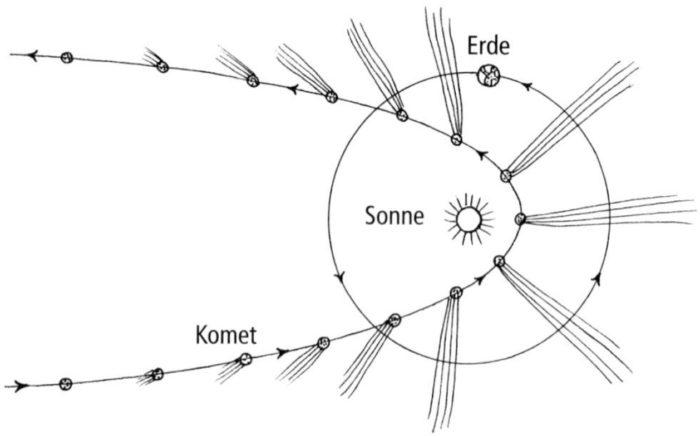

Die außergewöhnliche Helligkeit der Kometen kommt vom Sonnenlicht, das sie wiedergeben (sie senden es in alle Richtungen aus), und den Strahlungen, die sie selbst fluoreszierend aussenden (sie verändern das von der Sonne empfangene Licht). Aber die Dichte ihres Schweifes ist außergewöhnlich schwach: Man kann sich dies schon veranschaulichen, wenn man Bilder betrachtet, die Sterne durch den Schweif eines Kometen hindurch zeigen. Sie haben das gleiche Leuchten wie ihre Nachbarn (➛ S. 105).

Bei jedem Durchlauf verlieren diese Reisenden im All Millionen Tonnen von Eis und Staub: Ihr Kern wird kleiner, und am Ende „erlöschen“ sie. Und ihr Weg ist nicht ohne Klippen! Einige zerschellen auf der Sonne; andere nähern sich zu sehr einem massiven Planeten und werden durch Gravitationsprobleme gestört, zerbersten in zahlreiche Stücke und schlagen dann in die obere Atmosphäre der Planeten ein, indem sie gigantische Strudel verursachen. Dieses Missgeschick passierte 1994 dem Kometen Shoemaker-Levy, als er nahe an Jupiter vorbeizog. Astronome aus der ganzen Welt konnten das Ereignis dank des Teleskops Hubble direkt verfolgen.

Die Kometen hinterlassen Spuren ihrer Durchreise. Unter allen Teilchen, die sie aussäen, verschwinden einige Staubpartikel, nämlich die massivsten, nicht und verbleiben auf der Umlaufbahn. Auf dem Weg zur Sonne und zu den inneren Planeten sind sie zahlreicher. Und wenn die Erde einen dieser Umlaufbahnen durchquert, dringen diese Teilchen in die obere Atmosphäre ein und werden zu Meteoriten: Sie heizen sich auf und ionisieren vor allem die Luftschichten, die sie durchqueren (sie verändern die Atome). Dabei lassen sie eine leuchtende Spur hinter sich, die unrichtig „Sternschnuppen" genannt werden. Die Abbildung (➛ S. 106) erlaubt es zu verstehen, warum Sie zum Ende der Nacht hin mehr Glück haben werden, einen „Sternschnuppenregen" zu sehen, der plötzlich an einem Punkt des nächtlichen Himmels entsteht: Sie befinden sich dann in der „frontalen Zone" des Planeten in Bezug auf seine Gravitationsrichtung um die Sonne (etwa so wie die Windschutzscheibe eines Autos, auf die die Regentropfen in voller Stärke aufschlagen). Für dieses Schauspiel lohnt es sich, um vier Uhr morgens aufzustehen (➛ S. 117).

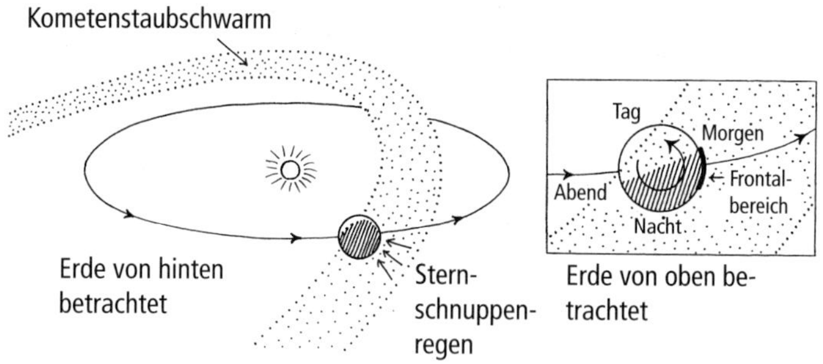

Jeder dieser Staubschwärme wird in einem bestimmten Moment des Jahres von der Erde durchquert und trägt den Namen der Sternbilder, in dessen Mitte das Lichtphänomen zu entstehen scheint: Im Monat August durchquert unser Planet den Schwarm der Perseiden (Sternbild des Perseus); im Oktober den der Orioniden (Orion); im November den der Leoniden (Löwe) usw.

Es ist möglich, dass die Kometen auf der Erde eine wichtige Rolle kurz nach ihrer Entstehung gespielt haben und so konsequenterweise an unserer eigenen Existenz als Erdenbürger teilhaben … Einige Hypothesen behaupten folglich, dass das Wasser der Ozeane durch unzählige Kometenkerne geliefert worden sei, die unseren Planeten (über gut eine Milliarde Jahre hinweg!) in seiner ersten Jugend bombardiert hätten. Des Weiteren haben aktuelle Untersuchungen von Kometenkernen gezeigt, dass diese organisches Material in nicht zu unterschätzender Menge enthalten und diese zweifellos aus bestimmten Molekülen aus dem interstellaren Raum gebildet sind. Die Kometen hätten somit die Ozeane mit den Materialien besät, die für die Bildung der „Bausteine" des Lebens notwendig sind …

In einem anderen Bereich laden die Kometen mit ihren sehr langgestreckten Ellipsen ein, uns mit einigen einfachen Grundkenntnissen der Himmelsmechanik auseinanderzusetzen. Dies ist „anschaulicher" als bei den Planetenellipsen, die in den meisten Fällen fast rund sind. Als manche noch das Kopernikanische System zu Beginn des XVII. Jahrhunderts ablehnten, bewies der deutsche Astronom Kepler, dass die Umlaufbahnen der Planeten Ellipsen sind, in denen die Sonne einen der Brennpunkte besetzt. Dieses „Erste Keplersche Gesetz" – und diejenigen, die sich daraus ableiten – kann ausgeweitet werden auf jeden Himmelskörper, der um einen anderen kreist. Newton ging später noch weiter, indem er die Theorie der allgemeinen Anziehungskraft formulierte: Alle materiellen Körper ziehen sich gegenseitig im proportionalen Verhältnis ihrer Massen und umgekehrt proportional zu ihrem Abstandsfeld an. Hieraus leiten sich alle universellen Gravitationsgesetze ab, Gesetze, die die Bewegungen aller Himmelskörper bestimmen. Auch haben letztere keine konstante Geschwindigkeit, wenn sie sich auf ihrem elliptischen Weg bewegen.

Nehmen wir das Beispiel eines periodischen Kometen (➛ S. 108). Seine Geschwindigkeit ist am größten, wenn er der Sonne am nächsten, und dann am geringsten, wenn er ihr am entferntesten ist – auf dem Rückweg, wenn er sich von der Sonne entfernt: Der Komet verlangsamt, wenn er sich von der Sonne entfernt, und bescheunigt, wenn er sich ihr nähert. Je länglicher die Ellipse ist, umso größer sind seine Geschwindigkeitsveränderungen. Im Ge-

genzug kreist ein Planet auf einer fast kreisrunden Ellipse um die Sonne, wie dies für die Erde der Fall ist, und ihre Geschwindigkeit ändert sich auf der Strecke kaum.

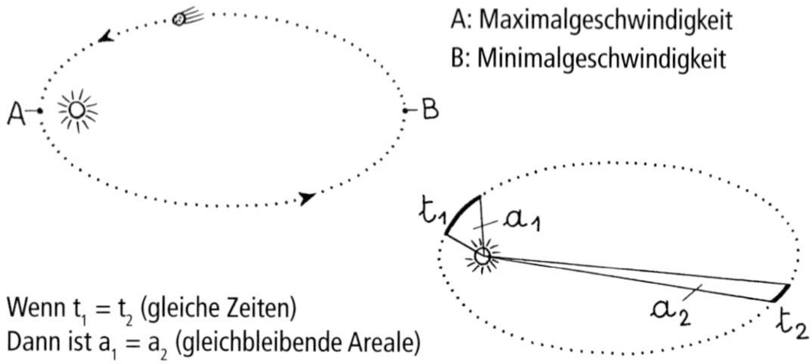

In Bezug auf das Zweite Keplersche Gesetz greifen wir noch einmal auf unser Beispiel zurück: Stellen Sie sich vor, die Sonne sendet aus ihrem Zentrum bis genau in die Mitte des Kometenkerns eine Art gigantischen Lichtstrahl, und zwar zwei Mal in gleichlangen Zeiträumen. Indem er durch das All fegt, grenzt der Lichtstrahl zwei Bereiche ein. Wenn dies wie auf der Abbildung (➛ S. 108) in zwei sehr unterschiedlichen Bereichen der Ellipse passiert, erscheinen die beiden Bereiche auch sehr unähnlich. Doch entgegen aller Erwartungen sind sie ähnlich, was Kepler in seinem zweiten Gesetz bewiesen und formuliert hat: Indem er das Phänomen verallgemeinert, sagt er, dass ein jeder Bereich, der durch ein solches Fegen entsteht, proportional zur Zeit ist, die der Strahl benötigt, um den Bereich einzugrenzen; das heißt: Wenn die Zeiten gleich sind, sind die Bereiche gleich.

Es gibt ein Drittes Keplersches Gesetz, doch keine Darstellung kann es illustrieren; denn hier kommen Gleichheiten der Zeitfelder mit Abstandskuben zum Einsatz! Deshalb lassen wir es beiseite …

Die Kometen entdecken

Kometen

In dem Bilderbuch,
Dessen Seite ich
Träumend wende,
Wie schön seid ihr darin,
Und wie sehr bedaure ich, Kometen,
Euch noch nie gesehen zu haben,
wenn ihr über meine Straße hinwegzieht.
Ist das nicht seltsam? Ein Poet zu sein
Und Kometen nur
Im Kopf zu haben!

Maurice Carême
Almanach du ciel

„Kometen-Porträts" ansehen

Wenn Sie die Kinder zu Kometen befragen, werden Sie schnell feststellen, dass dieses Thema eine unleugbare Faszination auf sie ausübt: Sie werden Sie Ihnen als „sehr, sehr strahlende Sterne mit einem Feuerschweif" beschreiben (was voll der Interpretation der westlichen Welt zu früheren Zeiten entspricht …).

Sophie

Und wenn Sie die Kinder bitten, auf einem Foto die Bewegungsrichtung des himmlischen Reisenden zu präzisieren, werden Sie sehen, wie unpassend ihnen diese Frage erscheint: Für sie ist es selbstverständlich, dass diese durch die Ausrichtung des Schweifes ersichtlich ist, genauso wie die Flamme, von einem Läufer getragen, hinter der Fackel bleibt!

Dokumente sammeln

Da die Erscheinung eines mit bloßem Auge oder einem Fernglas gut sichtbaren Kometen kein häufiges Ereignis ist, schlagen Sie vor, dass jeder – Sie auch – sich auf die Suche von Dokumenten jeder Art macht. In der ersten Zeit lassen Sie dabei alles beiseite, was die Umlaufbahn der Kometen und die Bildung des Schweifs betrifft. Nehmen Sie nur „Kometenporträts" in verschiedenen Vergrößerungen, von der „Panorama-Ansicht" (wobei man ihn einfach nur mit dem bloßen Auge anschaut) bis hin zu einer „Nahsicht".

Wie bei den Planeten werden Sie verschiedene Arten von Fotodokumenten unterscheiden: diejenigen, die die Kometen so zeigen, wie das bloße Auge sie am Himmel in „echten" Farben wahrnimmt, und die Dokumente, die mit dem Computer bearbeitet wurden und in „falschen" Farben gestaltet sind (➛ S. 112). Diese lassen den Kern, eingehüllt von der Koma, erahnen. Die beiden Serien ergänzen sich also.

Fotografien interpretieren

Während die Kinder feststellen, dass jeder Komet ein eigenes Aussehen hat, werden sie unter allen sehr schnell Hale-Bopp wiedererkennen, ihren Lieblingskometen, „den Schönsten, mit den beiden Schweifen, die auseinander stehen, dem blauen, ganz geraden Schweif, und dem weißen, der sich etwas dreht". Wenn sie ganz genau hinschauen, werden sie zugeben, dass der berühmte Schweif nichts mit „Feuer" zu tun hat – im Gegenteil: „Er ist wie ein Nebel, der in der Nacht leuchtet."

Und die „kleinen weißen Staubteilchen“, die man auf den Fotos sieht, werden die Kinder ebenso aufmerksam werden lassen, denn sie werden zu „kleinen Spuren“. ... Ein Kind wird das Rätsel aufdecken: „Das sind Sterne! Und da würde man meinen, es habe sich etwas hinter dem Kometen bewegt!“ In der Tat dreht sich der Himmel im Hintergrund während der Pause zwischen zwei Fotos.

Um die Struktur und die Natur der Kometen anzusprechen, sagen Sie einfach nur, dass diese einen Kern besitzen, einen enormen Block aus einem Gemisch aus Schnee und Staub, der von einer Gasschicht eingehüllt ist, die man Koma nennt, und dass der Doppelschweif zum einen aus Staub, zum anderen aus Gas besteht. In Bezug auf die Ausmaße beziehen Sie sich auf einfache, aber aussagekräftige Vergleiche: Der Kern eines Kometen könnte zum Beispiel alle Häuser einer großen Stadt enthalten, und sein Schweif würde mit Leichtigkeit Tausende von Erdplaneten in sich aufnehmen, wenn man sie nebeneinander legen würde!

Alte Grafiken interpretieren

Bestimmt finden Sie in Ihrer Stadtbücherei Astronomiebücher mit alten Grafiken von Kometen: Zeichnungen, die die Beobachtungen der damaligen Zeit wiedergeben (➛ S. 102), aber auch humoristische Bilder aus dem XIX. und XX. Jahrhundert, die die Rückkehr des Kometen Halley illustrieren (➛ S. 111). Fordern Sie die Kinder auf, diese Bilder zu analysieren, die Interpretationen, die man daraus ableiten kann, zu kommentieren und zu prüfen, ob einige Zeichnungen, wie die chinesischen und griechischen Grafiken, eine gute Annäherung an die Realität sind.

Laurène

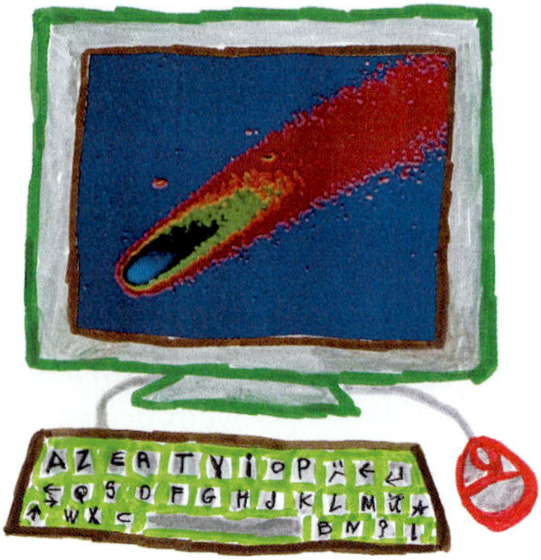

Der Computer ist ein Lügner.
Er macht falsche Farben.
Er ist wirklich ein Witzbold!

Das Abenteuer der Kometen entdecken

Ein „Rendez-Vous" im Himmel

Während sie sich neue Dokumente anschauen, sind die Kinder bei einigen Figuren erstaunt: Eine ganze oder partielle Ellipse kreuzt einen oder mehrere konzentrische Kreise mit einer kleinen Sonne in der Mitte. Die Schlausten verstehen sehr schnell, dass es sich hierbei um verschiedene Bahnen von Himmelskörpern handelt, die Kreise stellen die Umlaufbahnen von Planeten dar, die der Sonne am nächsten sind. Durch die Überschneidung mit anderen Figuren (➛ S. 104) stellen sie fest, dass „der Weg, der eine große Kurve hinter der Sonne macht", der eines Kometen ist, der zum „Guten-Tag-Sagen" zu unserem Stern gekommen ist. Aber warum hat sich der Komet den Umständen entsprechend mit einem total provisorischen Schweif geschmückt, der genauso wieder verschwindet, wie er aufgetaucht ist, das heißt, wenn der Komet sich sehr weit im Weltall wiederfindet? Auf diese Weise werden die Kinder die „Verwandlung" des Kometenkerns entdecken …

Improvisierte Kerne

Nachdem Sie den Kindern noch einmal in Erinnerung gerufen haben, dass die Kometenkerne mit Blöcken aus „schmutzigem Schnee" verglichen werden können, schlagen Sie ihnen vor, zwei oder drei solcher Blöcke aus Eis aus dem Kühlschrank der Kindergartenküche und etwas „Staub" zu machen, den sie zum Beispiel draußen im Hof gesammelt haben: Sie werden sehr schnell ihre Handvoll „Schnee" mit dem Sand, den Steinchen oder der Erde verkneten müssen.

Das ist ein Kometenkern aus Gefrierfach-Eis!

Die Kinder werden sehen, dass, kaum damit begonnen, die improvisierten „Kerne" anfangen zu schmelzen. Außer, dieses Angebot wird draußen bei eisiger Kälte durchgeführt ... „Das wird zu Wasser, genau wie wenn meine Mama den Kühlschrank abtaut!" „Ja, aber wenn der Kühlschrank im Kindergarten an ist, können wir die Kometenkerne reinlegen, damit sie aufhören zu schmelzen!" Schlagen Sie vor, dass ein einziger Kern in der Kälte konserviert wird, während ein anderer bei Zimmertemperatur bleibt und der dritte in einer Schale auf die Heizung gelegt wird (am besten gut warm). Die beiden letzteren Kerne werden von den Kindern beobachtet: „Der Kern auf der Heizung wird am schnellsten schmelzen!" „Ja, stimmt, der ganze Schnee ist geschmolzen! Jetzt ist die ganze Schale voll Wasser und man sieht den Sand, der auf den Grund gefallen ist!" „Wenn man die Schale auf dem Heizkörper lässt, wird morgen kein Wasser mehr drin sein, und der Sand wird ganz trocken sein!"

Verpassen Sie nicht die Gelegenheit, um zu fragen: „Woher weißt du, dass kein Wasser mehr da sein wird?" „Weil das sein wird wie in meinem Zimmer: Auf meiner Heizung steht ein Ding und meine Mama macht immer Wasser rein. Sie sagt, damit die Luft nicht so trocken ist." „Du hast Recht. Das Wasser, das deine Mama in den „Luftbefeuchter" gießt, verdampft und wird zu einem unsichtbaren Gas, das man Wasserdampf nennt." „Aber manchmal sieht man den Wasserdampf! Zum Beispiel, wenn meine Mama Nudeln kocht, oder wenn mein Badewasser sehr warm ist." „Also, das, was du siehst, ist schon kein Wasserdampf mehr. In Wirklichkeit ist er schon wieder zu flüssigem Wasser geworden, das aus winzig kleinen Tropfen besteht; für den Dunst auf den beschlagenen Fenstern oder auch für den Nebel ist das ebenso …"

Ein Kern, der „verdunstet"

Doch kehren wir zu unseren Kometen zurück … Schlagen Sie den Kindern vor, sich vorzustellen, was aus dem Kern im Kühlschrank wird, wenn er auf einmal im Weltall ist, sehr weit weg von der Erde (oder sogar von Mars und Jupiter) und mit voller Geschwindigkeit auf die Sonne zurast: „Ich weiß! Er wird ganz bestimmt schmelzen, wenn er sich der Sonne nähert! Und wenn es ganz, ganz heiß wird, wird er bestimmt im Weltall verdampfen und es bleibt nur noch der Staub übrig!" „Ah, ich habe verstanden; deshalb sieht man hinter dem Kometen einen Staubschweif!" „Ja, aber dann sag mal (an die Erzieherin gewandt), der zweite Schweif, der ganz blau ist, das ist dann Dampf aus ganz kleinen Tropfen?"

Jetzt können Sie erklären, dass im Weltall nicht alles so ist wie auf der Erde: Der Schnee des Kerns wird nicht schmelzen, sondern sich direkt in Gas verwandeln, welches aber wiederum kein richtiger, mit anderen Gasen vermischter Wasserdampf ist. So entsteht der schöne blaue Schweif, der sich mehr oder weniger vom Staubschweif unterscheidet. Das Ganze fängt an zu strahlen, einmal wegen der Sonne, der Staubpartikel aber auch wegen der Gase selbst.

Wie eine „Fahne im Wind"

Kopieren Sie im Großformat die Abbildung von Seite 104 und zeigen Sie sie den Kindern. Achten Sie gut auf ihre Kommentare. Sie werden die Beziehung zwischen der veränderlichen Länge des Schweifes und seiner Entfernung zur Sonne sehr gut analysieren, jedoch nicht die Ausrichtung des Schweifes in Bezug auf die Bewegung des Kerns interpretieren können: Es wird ihnen komplett unlogisch erscheinen, dass dieser Schweif nicht immer „hintendran" bleibt, und noch mehr, dass er sich sogar vor dem Kometen befindet, nachdem dieser hinter der Sonne vorbeigezogen ist! Ein besonders aufmerksames Kind wird zum Schluss entdecken, dass der Schweif sich immer in Opposition zur Sonne befindet: „Man

Arbeitsblatt 4

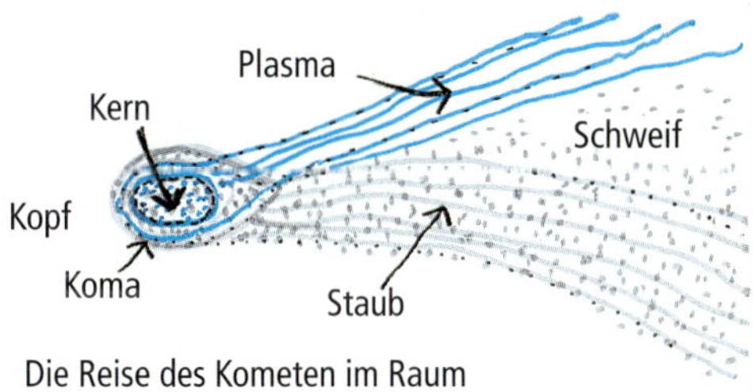

Die Reise des Kometen im Raum

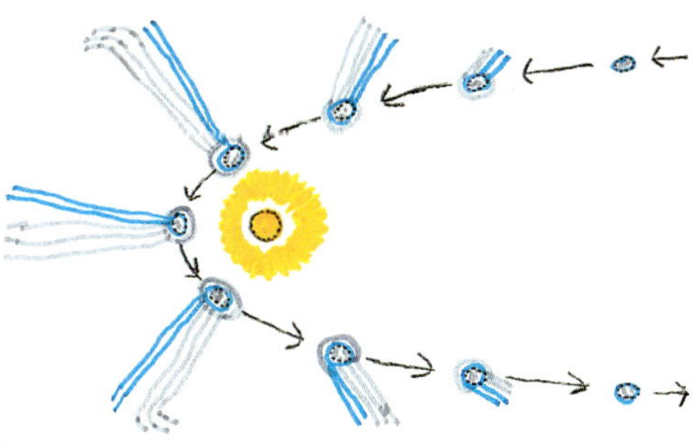

Sein Schweif bildet sich, wenn er sich der Sonne nähert, und zeigt immer in die entgegengesetzte Richtung.

könnte meinen, der Kometenschweif hat Angst vor der Sonne und dass er sich hinter dem Kern verstecken will!“

Sie erklären jetzt, dass die Sonne um sich herum eine starke Strahlung hat, die bis zu den Grenzen des Sonnensystems reicht und dabei auch ausreicht, um den Schweif des Kometen in die entgegengesetzte Richtung zu drücken. Wenn Sie von „Sonnenwind“ sprechen, weisen Sie ausdrücklich darauf hin, dass dieser wirklich absolut gar nichts mit dem Wind auf der Erde zu tun hat!

Zum Abschluss werden Sie die Kinder nicht groß bitten müssen, das Arbeitsblatt 4 in Angriff zu nehmen. (➛ S. 204, 211 f.)

Staub-„Schnuppen“

Die Kinder werden den Fotos mit dem „Sternschnuppenregen“ ganz besondere Aufmerksamkeit schenken, vor allem, weil diese „lustigen kleinen Feuerwerke“ in den Dokumenten vorkommen, die sich mit den Kometen beschäftigen … (➛ S. 117) Sind die Kinder noch nicht in der Lage, die Bildunterschriften alleine zu lesen, geben Sie ihnen nicht den Schlüssel zu dem Geheimnis: Fordern Sie sie vielmehr auf, eine „Untersuchung anzustellen“, indem sie sich an ein größeres Kind oder einen Erwachsenen wenden. Sie werden der Gruppe dann die Ergebnisse ihrer Nachforschungen vorstellen und ganz stolz sein, ihren Freunden zu erklären, warum es exakter wäre von „Staubschnuppen“ zu sprechen als von „Sternschnuppen“!

Um ihre Erklärungen zu ergänzen, können Sie den Kindern mit einem einfachen Vergleich eine bekannte Erfahrung in Erinnerung rufen: Wenn die Erde einen Kometenstaubschwarm durchquert, ist das so ähnlich, als wenn ein Auto durch den Regen oder bei Schneefall fährt. Aus dem Inneren des Autos sieht es aus, als würden sich die Wassertropfen oder die Schneeflocken alle von einer bestimmten Stelle aus schnell auf die Windschutzscheibe zu bewegen. Die Abbildung auf Seite 117 könnte gut für eine Si-

Marie

mulation mit einer Sonnen-Lampe, einem Erd-Ball und ein paar Hand voll Konfetti dienen …

Einen Kometen direkt beobachten

Dieses Thema kommt ganz zum Schluss. Wenn per Zufall der Durchzug eines mit bloßem Auge sichtbaren Kometen angekündigt ist, werden die Kinder dann von diesem Ereignis viel mehr profitieren: Die Kometen stellen nach der ersten Einführung für sie kein Geheimnis mehr dar!

Jedes Jahr beobachten die Astronome die Rückkehr einiger Dutzend periodischer Kometen, die, von einigen wenigen Ausnahmen abgesehen, viel zu weit an der Erde vorbeiziehen, als dass man sie mit bloßem Auge oder selbst mit einem Fernglas beobachten könnte. Allerdings werden auch jedes Jahr zahlreiche Kometen neu entdeckt, während sie noch sehr weit von der Sonne und selbst von den inneren Planeten entfernt sind. Ein oder zwei Jahre nach ihrer Entdeckung wird es dann möglich, einen von ihnen auch mit bloßem Auge zu beobachten, nachdem er näher gekommen ist, vorausgesetzt, er zieht in der Nähe der Erde vorbei und bietet den Erdbewohnern das wunderschöne Schauspiel seines beschweiften Kopfes.

Die Vorbereitungen

Die besten Bedingungen zur Beobachtung eines Kometen von mittlerer Helligkeit sind die gleichen wie zur Beobachtung der Planeten am nächtlichen Himmel (➛ S. 54 f.): Wählen Sie eine mondlose Nacht und einen Ort in ausreichendem Abstand von jeder Beleuchtung; der Himmel soll so klar wie nur möglich sein. Sie benötigen freie Sicht in die Richtung, in der sich der Komet befindet. Dessen Helligkeit ist wichtig, sie werden ihn mit Leichtigkeit auch ohne Sternenkarte finden können (im Laufe der Jahrhunderte hat man große Kometen sogar während des Tages gesehen!). Bereiten Sie zwei oder drei Ferngläser vor, stellen Sie diese auf ein Stativ oder halten Sie sie mit der Hand, stabilisiert mit einem Stab. Vergessen Sie nicht, Papier, Stifte und Taschenlampen, die mit einer roten Folie abgedeckt wurden, mitzunehmen.

Chronik eines unvergesslichen Abends

Im Winter 1986 hatten die schlechten Wetterverhältnisse es uns nicht erlaubt, den mythischen Kometen Halley zu sehen. Der Durchzug von Hale-Bopp im klaren Frühlingshimmel des Jahres 1997 blieb hingegen unvergesslich. Besonders während der Beobachtung am Abend des 7. Aprils präsentierte sich der Komet den Kindern und ihren Familien selbst bei bloßem Auge wie eine hübsche silberne Rakete in einem intensiven Licht. Seine Beugung deutete die Richtung der Sonne an, die schon lange am Horizont verschwunden war. Das leuchtende Weiß seines Kopfes setzte sich in dem durchsichtigen und leicht gekrümmten Schweif in zarten, immer dunkler werdenden Abstufungen fort. Darum herum leuchteten einige Sterne und einen konnte man durch den leichten Schleier des Schweifs erahnen.

Die Kinder hefteten den Blick auf den ungewöhnlichen Himmelskörper, sie jubelten und staunten gleichzeitig über seine sichtbare Unbeweglichkeit: „Das heißt, dass er wirklich ganz weit weg sein muss“, sagte am Ende ein Kind. „Bei den Flugzeugen ist das ähnlich, aber man sieht, wie sie sich ein bisschen am Himmel bewegen.“ Durch das Fernglas war die Sicht noch beeindruckender, selbst wenn der Himmel in unserem Pariser Vorort weder dunkel noch klar genug war, um „den geraden blauen Schweif“, der nach oben gehalten wurde, von dem „weißen, leicht gebeugten Schweif“ zu unterscheiden.

Die Kinder haben zahlreiche Skizzen vor Ort gemacht. Dabei haben sie amüsiert die unglaubliche Zeitspanne kommentiert, die notwendig ist, um den Himmelsreisenden noch einmal zu sehen: nicht weniger als 2.400 Jahre! (Elf Jahre vorher haben ihre kleinen Kameraden in ihr Astronomietagebuch geschrieben: „1986 ist der Komet Halley wieder zurück: Ich bin sechs Jahre alt. Er wird noch einmal im Jahr 2062 kommen, ich werde 82 Jahre alt sein!“ Und dann haben sie sich selbst an diesen beiden Daten gezeichnet, mit ihrem Geburtstagskuchen daneben …)

Der Komet Hale-Bopp!

Vincent

Mein Komet
Hat kleine Tierchen
Auf dem Kopf.
MALIKA

Mein Komet
Macht kleine Sprünge.
MYRIAM

Kometen,
Planeten, ihr macht mich schwindlig,
wie eine Pirouette!
JULIE

Mein Kometlein
Hat drei Köpflein!
MARC

Mein hübscher Komet
Sieht aus wie eine Eule
Mit ihrer Brille.
ÉRIC

Mein Komet
Macht mit seinem Roller
Ein Fest
Auf der Wiese.
CAMILLE

(Die obigen Texte sind im Französischen kleine Reime, die die Kinder selbst erfunden haben. In der Übersetzung ist die wortgetreue Wiedergabe der Verse leider nicht möglich. Anm. d. Ü.)

Mit den Kometen spielen

„Fabulier-Kometen“

Schlagen Sie den Kindern vor, Reime mit dem Wort Komet zu erfinden und anschließend Bilder zu ihren Reimen zu malen. Sie werden sehen, dass es ihnen weder an Ideen noch an Humor mangeln wird! Und die Familien werden glücklich sein, sich daran beteiligen zu können.

Ein Kometen-„Porträt“ anfertigen

Wenn die Kinder eine gewisse Zeit freie Zeichnungen „naturgetreu“ (falls sie das Glück gehabt haben, einen Kometen zu beobachten) oder nach den Vorlagen angefertigt haben, schlagen Sie ihnen folgende Technik vor, die es erlauben wird, die Realität ziemlich genau wiederzugeben.

Der Komet wird auf dunkles Papier mit einem Wachsstift in hellem Weiß oder mit deckenden Wasserfarben gemalt. Es soll eine schöne Abstufung des Schweifes erreicht werden: Wählt man eine abdeckende Wasserfarbe, kann man das Papier vorab dort befeuchten, wo der Schweif aufgetragen wird; wählt man Ölfarben, kann man sie im Nachhinein mit einem nassen Pinsel hin zu dem auslaufenden Schweif verdünnen. Einige rundherum verstreute weiße Punkte stellen die Sterne dar.

Eine ähnliche Technik, die bläuliche Weißtöne benutzt, erlaubt es, die Porträts in „wirklichen" Farben – wie man sie im Teleskop sieht – zu malen. Für die Porträts in „falschen" Farben können die Bilder, die übereinanderliegende bunte Punkte zeigen, mit der Technik des Pointillismus nachgemalt werden: Die Kinder benutzen leuchtende Farben, wobei sie die Struktur des Kometen wie auf dem Foto (➛ S. 121) beachten. Die Kinder können auch einige Bilder gestalten, indem sie alte Grafiken abmalen, die sie gleichzeitig für ihre Fantasiezeichnungen inspirieren.

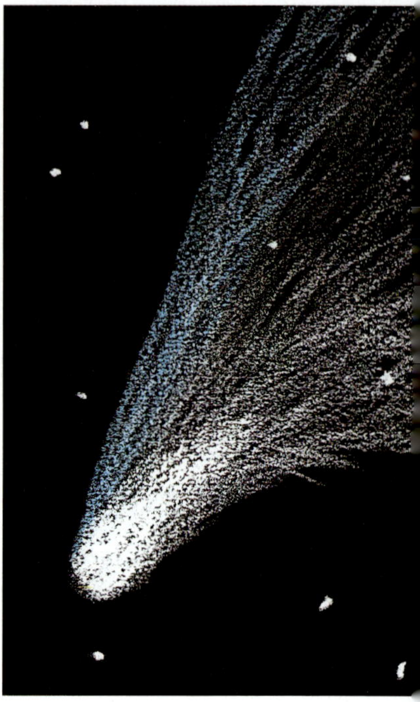

Clara

Das Abenteuer eines Kometen nachstellen

Bevor Sie mit reinen Kreativitätsspielen beginnen, schlagen Sie den Kindern ein Beobachtungs- und Logikspiel vor, das sie bestimmt faszinieren wird: Die Reise eines Planeten im Außenbereich der Sonne soll korrekt mit Hilfe von fünfzehn Bildern ausgelegt werden. Zwei aneinander geklebte große Zeichenblätter in dunkelblau (oder schwarz) dienen als Unterlage: Skizzieren Sie mit einem Bleistift den betroffenen Teil der Ellipse, indem Sie sich von dem Foto auf Seite 123 inspirieren lassen; malen Sie – immer noch provisorisch – eine kleine Sonne ein. Kopieren Sie auf ein drittes Blatt in der gleichen Farbe die Bilderserie, die Sie auf der Vorlage am Ende des Buches finden (➛ S. 212). Zeichnen Sie zuerst, immer noch mit dem Bleistift, die Teile der Umlaufbahn und beachten Sie die Beugung zwischen den einzelnen Bildern; dann malen Sie jeden einzelnen Kometen mit Wasserfarben oder pastellfarbenen Filzstiften: Kopf und Schweif eingerahmt von Weiß, den geraden Schweif mit hellem Blau (die Bilder bilden symmetrische Pärchen).

Legen Sie die Bilder mehr oder weniger schräg auf die vorgezeichnete Umlaufbahn und achten Sie darauf, dass alle Schweife sich immer in entgegengesetzter Richtung zur Sonne befinden (malen Sie diese notfalls etwas weiter entfernt). Korrigieren Sie die Gesamtdarstellung anschließend soweit notwendig, damit jedes Ellipsenteil sich gut in die Spur dieser Umlaufbahn einfügt. Ist alles an seinem Platz, malen Sie die Ellipsenteile rot an; dann zeichnen Sie mit einer Kontrastfarbe kleine Pfeile zwischen die einzelnen Bilder. Nehmen Sie die Kometenbilder wieder weg und zeichnen Sie mit Rot die Strecke zwischen den Pfeilen. Zum Abschluss malen Sie die Sonne mit einem goldfarbenen Filzstift aus.

Als Gemeinschaftsarbeit in kleinen Gruppen werden die Kinder große Freude daran haben, die Bilderserien zu ordnen und sie auf die Umlaufbahn zu legen, um so diese Episode der Reise eines Planeten nachzustellen. Wenn Sie die Vorlage (➛ S. 213) ko-

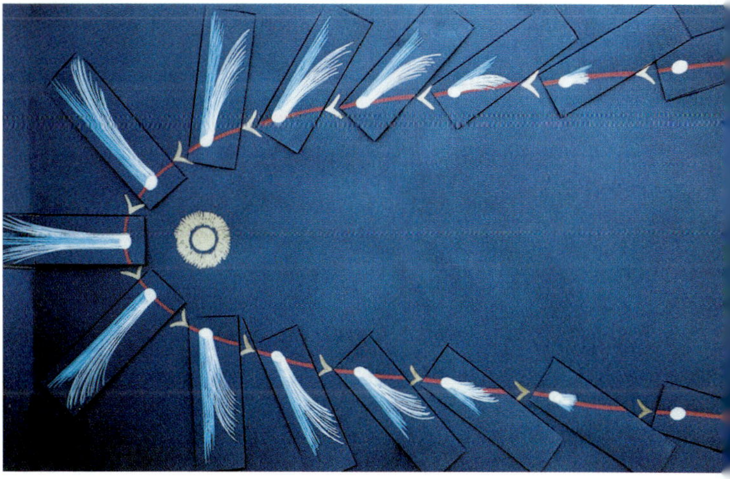

pieren und eine entsprechende Unterlage vorbereiten, kann jedes Kind in Einzelarbeit die Bilder ausschneiden, vermischen und auf ihren Platz kleben.

Und nach diesen „seriösen“ Arbeiten machen wir wieder Platz für Fantasie und Schaffenslust!

Kometen erfinden

Dekorative Kometen

Noch mehr als das Thema der Planeten bieten sich die Kometen für alle möglichen Dekorationen an. Ausgehend von zahlreichen Mal- und Ausschneidetechniken werden die Arbeiten der Kinder an Formen, Farben und Materialien überquellen! Um Ihnen nur ein Beispiel zu zeigen: Das Bild (➛ S. 124) zeigt eine Karte zum Muttertag.

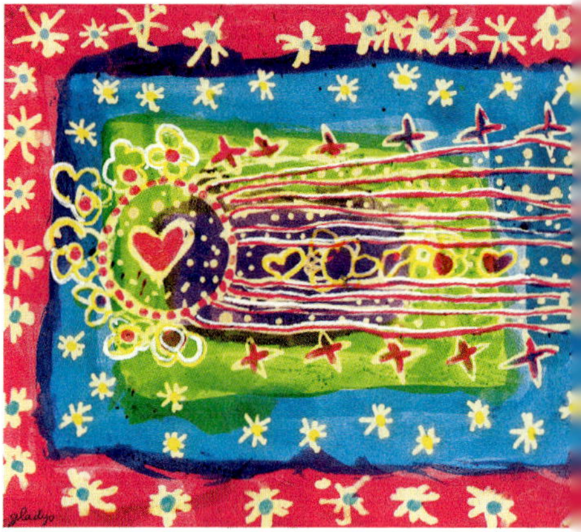

Die Grundierung besteht aus einer Schicht bunter Tinten; der Komet und die Sterne entstanden mit Hilfe eines Bleichmittels (Eau de Javel, Ace), das mit einem Wattestäbchen aufgetragen wurde. Dann wurde diese Zeichnung abgesetzt, indem sie mit einem bunten Filzstift umrahmt wurde.

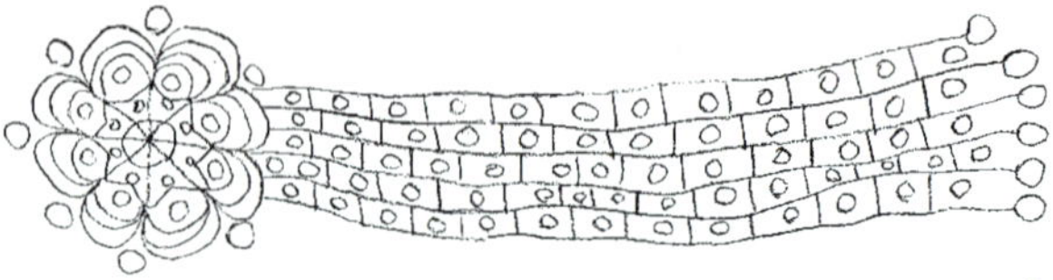

Sophie

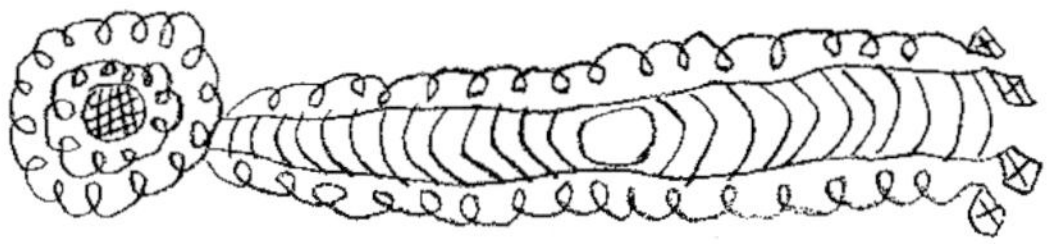

Éric

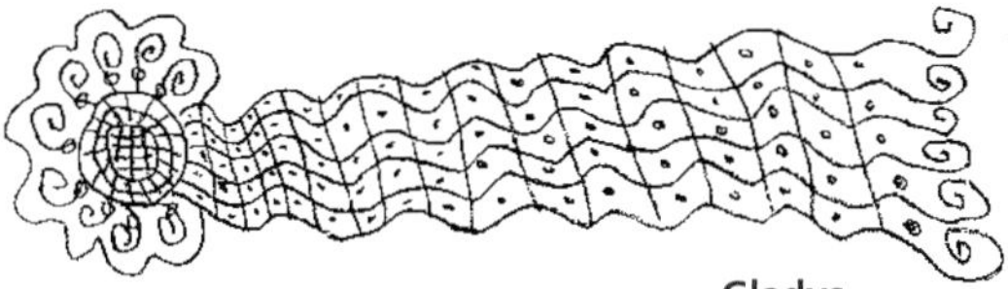

Gladys

Nachdem verschiedene Techniken zum Einsatz gekommen sind, bringen Sie wieder den einfachen Bleistift ins Spiel … Die Kinder werden sich so die Zeit nehmen, ihre Zeichnungen mit Details zu bereichern – was ihnen überflüssig erschien, so lange ihnen alle Farben zur Verfügung standen! Sie werden untereinander mit ihrem Einfallsreichtum, ihrem Geschick und ihrer Ausdauer wetteifern, um ihre Werke gut zu beenden.

Witz-Kometen

Bei den freien Zeichnungen werden Sie garantiert einige vermenschlichte Kometen entdecken, die vielleicht von den humoristischen Bildern inspiriert wurden, die im Laufe des vorangegangenen Angebotes angeschaut worden sind (➛ S. 111). Einige dieser Erfindungen lauten: „Der Komet-Zorro“, ausgestattet mit einem Säbel und einem Z, „Der Weihnachtsmann-Komet“ mit seinem weißen Bart nach Art des Schweifes, auf dem er die Geschenke trägt, „Der Komet-Mademoiselle“, so kokett wie möglich … (➛ S. 127 f.). Ich wurde sogar damit überrascht, mich selbst als hübschen Kometen zu entdecken und neben mir die „Sternen-Kinder“! (➛ S. 109) Die Kometen werden auch Tiere darstellen (Löwe, Fuchs, Hahn, Fisch …) oder Gegenstände: Blume, Säbel (wie auf den alten Grafiken) und sogar einen schönen Regenbogen!

Spielzeug-Kometen herstellen

Zum Abschluss dieser Kreativitätsspiele hier zwei Bastelarbeiten, die selbst mit kleinen Kindern durchzuführen sind.

Ein Komet, der fliegen kann

Das ist der bekannte Kugelkomet mit seinem großen Schweif aus Krepppapier: Jedes Kind formt aus Knetmasse eine Kugel mit einem Durchmesser von etwa drei Zentimetern und umhüllt sie mit einem Viereck aus dünner Plastikfolie, die unterhalb mit Klebeband oder einem Messingdraht abgebunden wird. Dann schneidet jedes Kind etwa zwölf Bänder aus Krepppapier in leuchtenden Farben aus (3 Bänder von etwa 70 cm aus einem Bogen von etwa 2 m). Mit Hilfe eines Erwachsenen befestigt es an der Stelle der Abbindung die Bänder mit einem dünnen Seil an der Kugel. Dieses soll dann noch 50 Zentimeter herunterhängen und am Ende einen Ring haben (➛ S. 126).

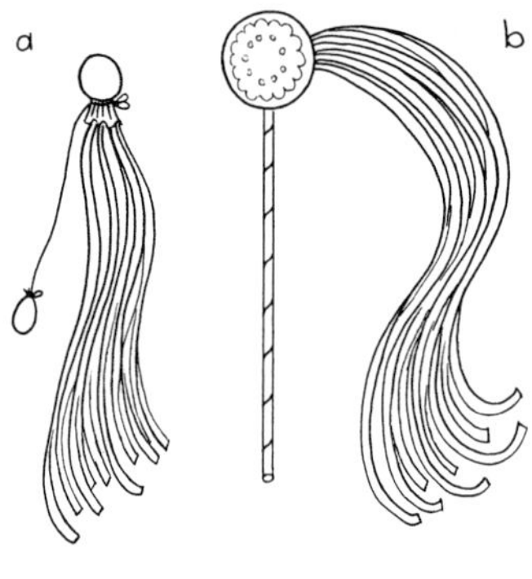

Sobald die Kometen fertig sind, lassen die Kinder sie mit dem Seilende kreisen: Sie amüsieren sich mit den großen bunten „Kreisen“, die sich vor ihnen oder über ihren Köpfen bilden. Doch was den Kindern am meisten gefällt ist das Brummen (das die Kometen-Kugeln beim Herumsausen verursachen; Anm. d. Ü.). Und plötzlich lassen die Kinder die Kometen los und in die Höhe fliegen: Vorsicht bei empfindlichen Decken! Dieses Spiel macht man besten draußen …

Sie können Höhen-Wettkämpfe organisieren (obwohl es kaum einfach sein wird, mit Gewissheit den Gewinnerkometen zu bestimmen …), aber auch Weitwerf-Wettkämpfe: Um ihren Kometen so weit wie möglich zu werfen, bedienen die Teilnehmer, die hinter einem auf dem Boden gespannten Seil in einer Reihe stehen, sich nicht des Seils, sondern nehmen die Kugel in die Hand. Ein garantierter Erfolg!

Kometen zum Tanzen

Bei diesem Tanzspiel wird der Spielzeugkomet in der Hand gehalten – zum Beispiel bei einem Kindergartenfest: Um den Kopf herzustellen zeichnet, bemalt jedes Kind zwei gleiche Kreise aus Pappe und schneidet sie aus (Sie tackern sie am äußeren Rand zusammen, nachdem Sie die Pappen etwas „zusammengekniffen" haben, um ihnen ein wenig Volumen zu geben). Dann bastelt jeder einen runden Stab, indem er nur einen einfachen langen Papierstreifen schief aufrollt. Dieser Stab wird an der Basis des Kopfes mit einem Klebeband befestigt. Jetzt müssen nur noch die langen Krepppapierbänder (oder Seidenpapierbänder, die noch leichter sind) ausgeschnitten und hinter dem Kopf befestigt werden (→ S. 126).

Marion

Alice

Zu einer geeigneten Musik, die zweifellos an die großen Weiten des interplanetarischen Raumes erinnert (normalerweise Stücke, in denen die Synthesizer eine Hauptrolle spielen), werden die Kinder, die von diesem „kosmischen" Ambiente sehr inspiriert sind, anfangen zu tanzen und die Bänder des Kometen, die sie auf Armlänge von sich halten, schöne Bögen beschreiben …

Wilson

Mit der Himmelsmechanik spielen

Dieser Teil unseres Buches stellt in Form von Spielen Angebote vor, die mit den einfachen Gesetzen der Himmelsmechanik zu tun haben. Diese werden den Kindern mittels einer Geschichte vorgestellt, deren einzelne Teile ihnen die Möglichkeit geben, sich mit bestimmten Bereichen auseinander zu setzen: Geometrie, Messungen, Zeitvergleiche, Flächeninhalte, Massen, Mengen. Angebote dieser Art sind nicht nur bereits für sehr junge Kinder geeignet, sondern stellen eine Erweiterung der interdisziplinären Erfahrungen dar, auch der „Körpererfahrung“, die der erste notwendige Schritt vor jeglicher Abstraktion ist.

Hier der Beginn der Geschichte: Professor Astrolobus, ein genialer Bastler, hat ein wirklich bemerkenswertes bewegliches Modell gebaut. Man sieht einen „Kometen“, wie er wirklichkeitsgetreu um die „Sonne“ kreist, sogar mit einem doppelten Schweif, der sichtbar ist, größer wird, in entgegengesetzter Richtung zur „Sonne“ steht und dann abnimmt und verschwindet! Professor Astrolobus lädt seine beiden kleinen Nachbarn Nicolas und Nicolette in seine Werkstatt ein, denn er möchte sie in die Himmelsmechanik einführen …

Die Flugbahn in Form einer Ellipse

Nicolas und Nicolette entdecken das Modell, und nachdem sie sich für den Schweif interessiert haben, stellen sie fest, dass sich der Komet in einem „komischen Oval“ dreht. Professor Astrolobus erklärt ihnen, dass es sich um eine Ellipse handelt und zeigt, wie man diese Figur mit zwei Nadeln und einem Faden zeichnen kann.

Ellipsen zeichnen

Diese vom Prinzip her einfache Methode (➛ S. 28) setzt allerdings etwas Genauigkeit und Übung voraus. Die Kinder beginnen mit großflächigen Zeichnungen auf einer senkrechten Fläche, am besten einer schwarzen (oder weißen) Wandtafel: Ein Seilchen wird an zwei Saugnäpfen befestigt, die die Brennpunkte darstellen und gezeichnet wird mit Kreide (oder einem abwaschbaren Filzstift). Einigen Kindern wird sehr schnell eine regelmäßige Ellipse gelingen, andere brauchen einige Versuche, bevor es gelingt. Die Zeichnung ist das Ergebnis einer doppelten Bewegung: Zum einen muss man das Seilchen mit der Kreide gut nach außen hin spannen und zum anderen eine kreisende Bewegung damit durchführen.

Sobald die Ergebnisse befriedigend sind, können die Kinder sich damit vergnügen, kleinere Ellipsen auf ein Blatt zu malen. Sie legen ihr Blatt auf eine glatte Unterlage aus Pappkarton oder Styropor. Die Saugnäpfe werden hier durch zwei Nadeln ersetzt, das Seilchen durch einen Faden oder Stopfgarn, die Kreise durch einen Bleistift oder Kugelschreiber.

„Sich verwandelnde" Ellipsen

Die Kinder stellen fest, dass selbst ein leichtes Versetzen der Nadeln zu einer Veränderung der Ellipsenform führt: „Wenn ich meine Nadeln auseinander setze, wird meine Ellipse ganz lang, und wenn ich sie näher aneinander bringe, wird sie ganz rund!" Eines der Kinder wird bestimmt einer wichtigen Erkenntnis vorgreifen: „Ich wette, dass wir einen richtigen Kreis bekommen, wenn die beiden Nadeln sich berühren!“ Nachdem das Kind seine Hypothese überprüft hat, wird es ausrufen: „Aus meinen Nadeln und meinem Faden ist ein Zirkel geworden!“ Eine gute Gelegenheit, um die Kinder noch einmal daran zu erinnern, dass die Ellipsen der Erde und der anderen Planeten (außer Pluto) „fast rund“ sind, wohingegen die der Kometen sehr länglich sind.

Das Erste Keplersche Gesetz illustrieren

Arbeitsblatt 5

Spiel der Himmelsmechanik (I)

1. Zeichne drei Ellipsen, indem du die Nadeln versetzt.

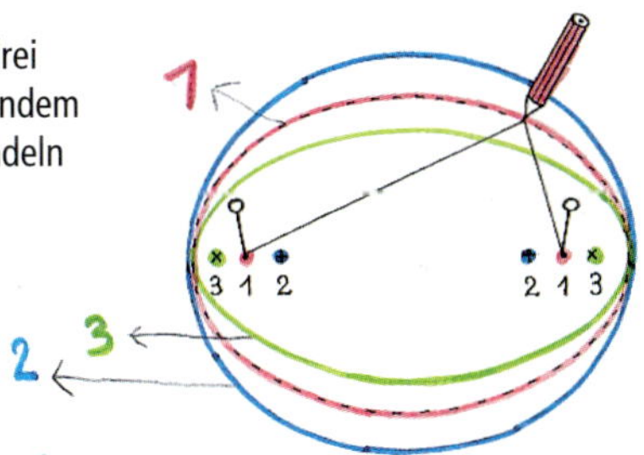

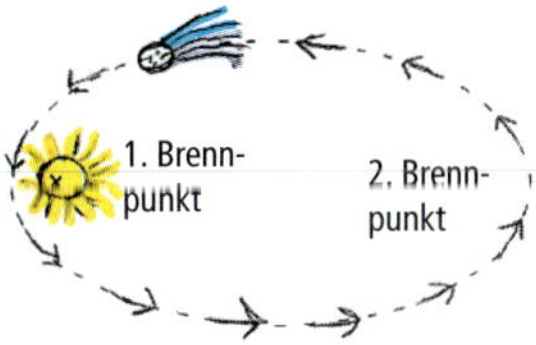

2. Ergänze das Schema mit der Umlaufbahn eines Kometen.

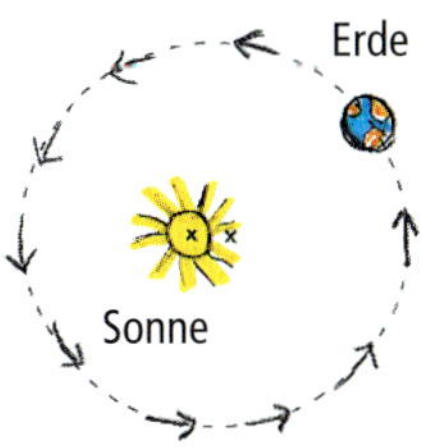

3. Ergänze das neue Schema bezüglich der (fast runden) Umlaufbahn der Erde.

Die Kinder machen sich an das Arbeitsblatt 5 (➤ S. 205, 214): Sie zeichnen zuerst drei Ellipsen mit sehr unterschiedlichen Abständen der Brennpunkte, dann die längliche Ellipse eines periodischen Kometen und anschließend die „fast runde“ Ellipse des Planeten Erde.

Veränderbare Geschwindigkeiten

Kommen wir wieder zu Nicolas und Nicolette zurück. Die beiden haben gerade bemerkt, dass die Geschwindigkeit des Kometen nicht die gleiche ist – je nachdem, wo er sich gerade auf seiner Strecke befindet: „Er kommt schneller voran, wenn er nahe an der Sonne ist“, sagt Nicolette. Und Nicolas fügt hinzu: „Er wird schneller, wenn er auf sie zufliegt, aber er wird langsamer, wenn er erst einmal hinter ihr vorbei geflogen ist und wieder wegfliegt!“ Nicolette ergänzt: „Stimmt, und das ist witzig, denn man meint, die Sonne zieht ihn zu sich, aber er verschwindet dann wieder ganz schnell, so, als wollte er sie nicht mehr sehen! Und trotzdem kommt er wieder …“

Die Bewegung eines Planeten spielen

Wählen Sie einen schönen Tag, um dieses Angebot durchzuführen, denn es findet draußen in mehreren „Abschnitten“ statt. Im Hof wird eine sehr große Ellipse aufgemalt. Zwei Kinder, die die Brennpunkte darstellen, stellen sich in fünf oder sechs Metern Abstand voneinander auf; sie haben um ihre Knöchel ein Seil gebunden, das länger ist als ihr Abstand (etwa 2 m, damit keine zu „runde“ Ellipse entsteht). Während sie auf ihren Posten stehen bleiben, malt ein anderes Kind mit Kreide die Ellipse (➤ S. 133). Ist die Ellipse beendet, werden die Seile entfernt, und es bleibt ein einziges Kind stehen, um die Sonne darzustellen.

Ein Kometen-Kind beginnt nun entlang der Ellipse zu kreisen und strengt sich an, die Geschwindigkeitsveränderungen genau zu berücksichtigen. Die Kinder tun dies normalerweise auf zwei Arten: Entweder verändern sie ihre Bewegungsgeschwindigkeit, wenn sie direkt um das Sonnen-Kind herum laufen und am anderen Ende der Ellipse sind (wobei sie sich darum bemühen, ihre Geschwindigkeit abzustufen); oder sie machen „große, mittlere und kleine Schritte" (entsprechend ihrer Position auf der Strecke). Dieses zweite Vorgehen ist interessant, denn es wird später erlauben, das „Geschwindigkeitsgesetz" grafisch darzustellen.

Die Fortbewegung der Planeten erforschen

Und die Planeten? Die Kinder erinnern sich daran, dass sie, als sie die Gravitation von Saturn in Bezug auf die Erde gespielt haben (➛ S. 70 f.), auf der ganzen Strecke nicht auf Geschwindigkeitsveränderungen achten mussten. Einige werden berechtigterweise sagen: „Klar, die beiden Seile haben ja auch fast runde Ellipsen gemalt. Die Erde und Saturn entfernen sich also nicht sehr weit von der Sonne!" Andererseits werden sie sich am Ende daran erinnern, dass unsere Erde sich dreißig Mal um die Sonne dreht, bevor Saturn eine Runde abgeschlossen hat, und sie werden ausrufen: „Ach ja! Das bedeutet, dass die Erde schneller fliegt als Saturn! Vielleicht ist das so, weil sie näher an der Sonne ist: Diese zieht die Erde also mehr an als Saturn, der sehr weit weg ist!" Eines der Kinder greift bestimmt vor: „Also, wenn das alles stimmt, dann fliegt Merkur ganz, ganz schnell und Pluto ganz, ganz langsam!" Schlagen Sie den Kindern vor, Nachforschungen anzustellen, indem sie größere Kinder oder Erwachsene fragen (wie sie es schon für die Sternschnuppen gemacht hatten): Sie werden feststellen, dass Merkur in der Tat der schnellste Planet und Pluto der langsamste ist. Doch nichtsdestotrotz ist selbst dessen mittlere Geschwindigkeit immer noch viel höher als die der schnellsten Rakete! (Und noch einmal bietet sich hier die Gelegenheit für die Kinder, sich die Unermesslichkeit des Weltalls vor Augen zu führen.)

Das „Geschwindigkeitsgesetz" illustrieren

Die Kinder können nun das Arbeitsblatt 6 (➛ S. 205, 215) ausfüllen und beginnen dabei mit dem oberen Teil. Mit der geschickten Abstufung unterschiedlich langer Pfeile versuchen sie, die Geschwindigkeit eines Kometen wiederzugeben. Auf dem unteren Teil des Arbeitsblattes zeichnen sie dann mit Hilfe von Anhaltspunkten jeden Planeten, dem ein Pfeil zugeordnet ist, dessen Länge seine mittlere Geschwindigkeit in Bezug auf die der Nachbarplaneten darstellt (➛ S. 135).

Unerwartete Gleichheiten

Professor Astrolobus wird Nicolas und Nicolette jetzt ein seltsames Experiment zeigen. Er kündigt den Kindern an: Wenn der „Komet" wieder anfängt zu kreisen, wird an einer bestimmten Stelle der Strecke ein helles rotes Licht aufleuchten, dem ein regelmäßiges Ticken folgt. „Nicolas, du wirst das Ticken zählen, und Nicolette, du wirst, wenn du ihn fünf sagen hörst, den Kometen sofort anhalten, indem du auf diesen Knopf drückst."

Der Komet fliegt wieder los … Die Kinder machen alles wie gesagt sobald das Licht angeht und stellen dabei fest, dass der Komet sich auf dem Teil der Strecke zur Sonne hin befindet. Interessiert sehen sie, dass der Professor mit Kreide die Position des

Kometen markiert, den sie gerade angehalten haben. Er verbindet diesen Punkt mit der Sonne, das Gleiche macht er mit der Lichtquelle …

Arbeitsblatt 6

Spiel der Himmelsmechanik (II)

Stelle mit Pfeilen die wechselnde Geschwindigkeit des Kometen auf seiner Laufbahn dar

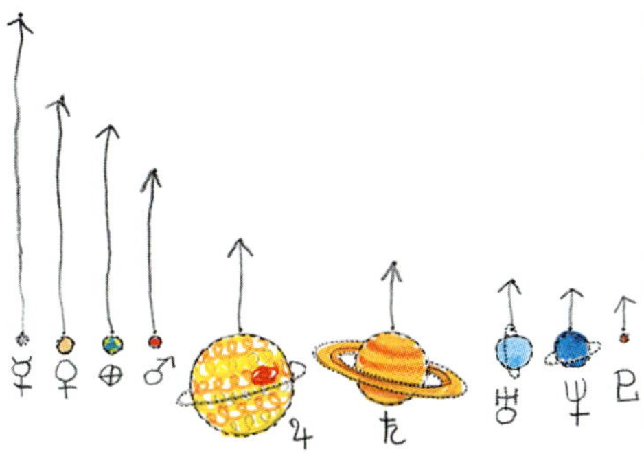

… und hier die mittlere Geschwindigkeit jedes Planeten in Bezug auf die anderen.

„Wir machen das Gleiche noch einmal, indem wir den Kometen wieder losfliegen lassen, damit er sich nun von der Sonne entfernt … Achtung!“ Kaum ist der Komet auf der anderen Seite der Ellipse angekommen, leuchtet ein Licht – diesmal blau – auf: „1, 2, 3, 4, 5“, sagt Nicolas. „Stopp!“, sagt Nicolette. Die beiden Kinder bemerken sofort, dass der Komet eine kürzere Strecke zurückgelegt hat als beim ersten Ticken: „Klar, der Komet fliegt jetzt langsamer!“, rufen sie zusammen aus. Der Professor zeichnet wieder die beiden Punkte ein, dann die beiden Verbindungen zur Sonne. „Also, das ist komisch“, sagt Nicolas, „hier sind die Spuren sehr lang, aber eng beieinander …“ Nicolette fährt fort: „Und auf der anderen Seite der Ellipse sind sie klein, aber weit auseinander … Aber wofür ist das denn alles gut, Herr Professor?“ In der Zwischenzeit ist Frau Astrolobus angekommen. Sie lächelt, legt den Finger auf die Lippen: „Das ist eine kleine Überraschung. Wartet ab bis morgen, und ihr werdet sehen …“

Julia

Das Experiment von Professor Astrolobus vorbereiten

Bevor sie in den Hof gehen, um das Experiment durchzuspielen, regeln die Kinder vorab zwei technische Details: Sie entscheiden, dass zwei kleine Kreise (einer rot, einer blau), die auf den Boden gemalt werden, die beiden Lichtquellen darstellen. Das Tick-Tack ist etwas schwieriger zu ersetzen. Die Kinder schlagen als erstes vor, einen Minutenzähler zu nehmen; doch sein Ticken ist für die ganze Gruppe nicht gut genug hörbar und vor allem zu schnell, um laut mitzuzählen. Wenn eins der Kinder ein Metronom hat, wird es bestimmt sagen, dass „sein Ticken sehr laut ist und man es langsamer stellen kann, wenn man will“. Und sollten die Kinder die Möglichkeit gehabt haben, Sanduhren zu basteln, dann erinnert sich eines vielleicht daran, eine aus zwei Plastikflaschen und einer Handvoll Reis gemacht zu haben: „Wenn man sie umgedreht hat, ist der ganz Reis ganz schnell runtergelaufen!“ (Das heißt in fünf bis acht Sekunden.) Diese Lösung wird in den meisten Fällen von den Kindern bevorzugt.

Das Experiment nachspielen

Vier Kinder stellen die Sonne, den Kometen, Professor Astrolobus und Nicolette dar, die die „Reis-Sanduhr" trägt. Die beiden Lichtquellen werden einander gegenüber mit roter und blauer Kreide aufgemalt. Der Komet startet in Richtung Sonne und steigert schrittweise seine Geschwindigkeit. Sobald er an das rote Licht kommt, dreht Nicolette die Sanduhr um. Ist der Reis komplett herunter geflossen, schreit sie: „Stopp!" Der Komet bleibt stehen und Professor Astrolobus malt mit der Kreide eine Markierung auf den Boden und dann die „beiden Verbindungen zur Sonne". Der Komet fliegt wieder los, wird diesmal langsamer, und das gleiche Szenario wiederholt sich, wenn er am blauen Licht ankommt. Die Kinder sind fasziniert von der seltsamen Figur, die bei dem Ganzen herauskommt. Es geht ihnen nicht schnell genug, dass der nächste Tag kommt, damit sie endlich die Überraschung von Frau Astrolobus entdecken …

Heimlich einen großen Kuchen vorbereiten

Besorgen Sie sich eine Tafelwaage, die Sie vorab den Kindern zur Verfügung stellen, damit sie deren Gebrauch (wieder)entdecken. Backen Sie einen großen Kuchen (zum Beispiel einen Rührkuchen), der vielleicht die Form einer Ellipse hat (oder auch nur eines einfachen Ovals) und möglichst überall gleich dick sein soll. Sie müssen zwei Teile schneiden, die mehr oder weniger die gleiche Form haben wie die beiden Oberflächenbereiche, die Sie im vorhergehenden Experiment erhalten haben, und auch das gleiche Gewicht auf die Waage bringen! Beginnen Sie damit, das längliche Stück zu schneiden und wiegen Sie es; schneiden Sie das andere sehr breit aus und schneiden Sie es nach und nach zurück; heben Sie den Rest des Kuchens auf. Legen Sie jetzt die beiden Stücke auf die Waage, um zu überprüfen, dass diese im Gleichgewicht ist, und verstecken Sie dann alles vor neugierigen Blicken …

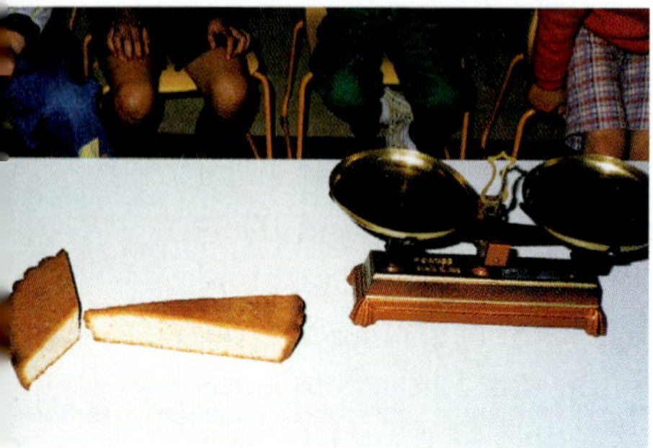

Den „besten Teil" aussuchen

Rufen Sie die Kinder zusammen und erzählen Sie ihnen, dass die erwartete Überraschung von Frau Astrolobus aus einem Kuchen in Form einer Ellipse besteht, aus dem sie zwei Teile für Nicolas und Nicolette ausgeschnitten hat.

Zeigen Sie die beiden Teile. Die Kinder werden sofort bemerken: „He, das sieht aus wie die komischen Zeichnungen auf der großen Ellipse im Hof!" Fragen Sie sie: „Wenn ihr Nicolas und Nicolette wärt, welches Stück Kuchen möchtet ihr haben?" „Das hier, denn es ist größer!" „Nein, das hier, das ist größer!" „Wie bekommen wir jetzt heraus, ob Nicolas oder Nicolette das größere Stück Kuchen hat?" Die Tafelwaage steht nicht weit weg und ein Kind wird die Idee haben, die beiden Stücke auf die Waagschalen zu legen, um zu sehen, welches schwerer ist: „Also, auf der Waage sieht das aus, als wären die beiden Stücke gleich!" Die Kinder können es nicht fassen … Die beiden Kuchenstücke haben, obwohl sie so unterschiedlich aussehen, etwas gemeinsam: die Masse.

Arbeitsblatt 7

Spiel der Himmelsmechanik (III)

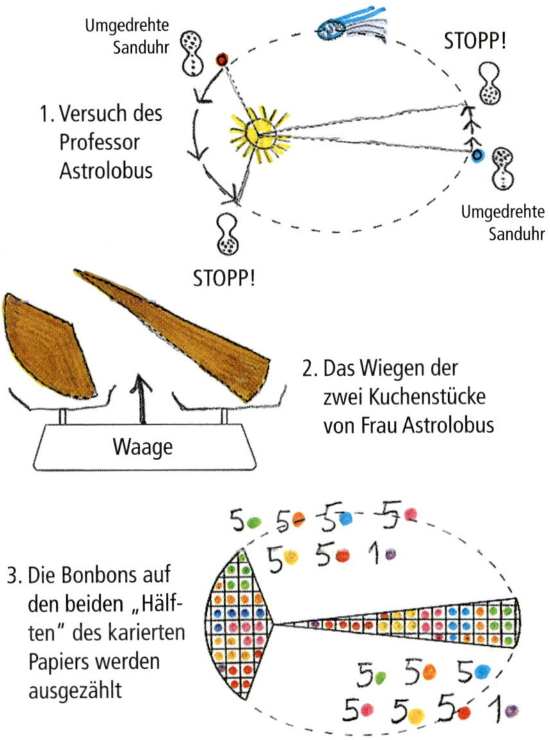

Die Flächen mit Hilfe kleiner Bonbons vermessen

Nach der Gleichheit der Massen werden die Kinder eine andere Gemeinsamkeit der beiden Kuchenstücke entdecken können: Kaufen Sie hierfür im Vorfeld ein Paket kleiner bunter Bonbons, die rund und platt sein sollen. Bitten sie zwei Kinder, so viele wie möglich auf die beiden Kuchenteile zu legen, ohne dass sie über den Rand stehen oder aufeinander liegen, nicht einmal ein kleines bisschen. Unsere beiden Zuckerbäcker werden also versuchen, die Bonbons so gut wie möglich nebeneinander zu legen.

Am Ende dieser heiklen Aufgabe fragen Sie: „Auf welchem Teil liegen eurer Meinung nach die meisten Bonbons?“ Auch wenn die meisten Kinder wieder wie vorher – entsprechend dem Aussehen des Kuchenstückes – antworten werden (Größe, Länge), wird eines erkennen, dass es sich um eine Fangfrage handelt und – als wäre das das Selbstverständlichste auf der Welt – antworten: „Ich wette, da liegen gleich viele drauf!“

Beim Abzählen stellt sich heraus, dass das richtig ist oder, bis auf einen kleinen Unterschied, fast richtig: Natürlich ist nur eine bestimmte Annäherung möglich, da die Bonbons doch recht groß sind (und damit schlecht auf die spitzen Teile gelegt werden können), und die Verzierung doch ein recht „handwerklicher“ Vorgang ist. Haben die Kinder diese Tatsache erst einmal akzeptiert, werden sie sagen: „Oben drauf sind die beiden Teile also auch gleich!“ Erklären Sie ihnen, dass dieses „oben drauf“ Oberfläche oder Flächeninhalt heißt. Wenn die Kinder diese Erkenntnis auf das Modell des Professors Astrolobus übertragen, verstehen sie die Bedeutung der gleichen Zeitabmessung während des Experiments, unverzichtbare Voraussetzung, um wirklich zwei gleiche Flächen zu erhalten.

Die Flächen mit Hilfe eines Rasters vermessen

Bevor es sich die Kinder mit dem Kuchen von Frau Astrolobus und den Bonbons der Erzieherin gut gehen lassen, legen Sie die beiden Stücke auf ein Stück Pappe und malen deren Umriss mit einem Bleistift nach. Schneiden Sie die beiden Umrisse dann aus, sie dienen als Schablone: Jedes Kind überträgt diese auf ein Blatt kariertes Papier und schneidet dann die beiden Papierteile aus. Dann malt es diese Teile mit großen bunten Punkten an, indem es jedes einzelne Kästchen bunt ausmalt (oder fast ausmalt).

Schon während des Ausmalens kann man Vergleiche bezüglich der Anzahl der Punkte auf jedem Stück Papier anstellen. „Malt zum Beispiel fünf rote Punkte auf das eine Stück und fünf rote Punkte auf das andere; dann fünf blaue Punkte auf das eine und fünf blaue auf das andere usw., bis keine Kästchen mehr frei sind. Bei den letzten Kästchen werdet ihr sehen, ob ihr auf beide Stücke die gleiche Anzahl an Punkten in eurer letzten Farbe malen könnt: Wenn ja, heißt das, dass ihr die gleiche Punktzahl auf beiden Stücken habt!“ Auch hier ist es normal, dass die Kinder einen kleinen Unterschied von zwei oder drei Einheiten feststellen. Interessant wird sein, wenn sie entdecken, dass die gleiche Schablone auf vergrößerten Kästchen die Unterschiede noch deutlicher macht, wohingegen diese bei verkleinerten Kästchen fast ganz verschwinden.

In einem anderen Spiel mit umgekehrtem Vorgang wird eine bestimmte Anzahl an gleichen Gegenständen (ein Dutzend kleine Karos zum Beispiel) auf verschiedene Arten nebeneinander gelegt. Die verschiedenen möglichen Auslagen werden selbstverständlich unterschiedliche Formen und Größen haben, aber die Kinder werden auch hier das Bewusstsein dafür bekommen, dass es sich um die gleichen Flächen handelt.

Das Zweite Keplersche Gesetz illustrieren

Die Kinder machen sich nun an das Arbeitsblatt 7 (➛ 206, 216): Im oberen Teil befindet sich das Diagramm des Experiments von Professors Astrolobus, in der Mitte das Wiegen der beiden Kuchenstücke der Frau Astrolobus und unten das Spiel mit den bunten Punkten in den beiden Flächen auf Karopapier.

Die Sterne

Schön seid Ihr
Ja, Sterne, schön seid Ihr,
und vielleicht selbst ewig.
Doch wie wenig seid Ihr nur
Vor diesem kleinen rosigen Kind,
Das mit dem ganzen schwarzen Himmel
Aus seinem Blickfeld heraus lacht!

Maurice Carême
Almanach du ciel

Eine kurze Einführung

Wer unter uns ist nicht schon innerlich erschauert beim wunderbaren Anblick eines Sternengewölbes? Einst mysteriöse, weil unerreichbare Himmelskörper, mythische Sterne, bieten sich zum Träumen an. Zu wissenschaftlichen Objekten geworden, durch immer weiter entwickelte Apparate gejagt, verlieren diese „Himmelsdiamanten" nach und nach jedes Geheimnis, aber nicht ihre Poesie …

Das breit gesteckte Thema der Sterne kann nicht geradlinig angegangen werden, denn die Annäherungsmöglichkeiten sind vielzählig und überschneiden und bereichern sich gegenseitig. Fängt man zum Beispiel damit an, die Sterne zu beschreiben, die diese sichtbaren Gruppierungen der Sternbilder ausmachen, dann wird man von Sternen erster Größe, von gelben, blauen, orangenen Sternen, von roten oder blauen Riesen, von weißen Zwergen, von Doppelsternen usw. sprechen. Und auch von Besonderheiten, die an diese verschiedenen Begriffe gebunden sind – wie die Helligkeit, die Masse, das Alter, die Entwicklung der Sterne.

Entscheidet man sich dafür, sich erst einmal für diesen blassen Bogen zu interessieren, der den Himmel von der einen zur anderen Seite durchquert und Milchstraße heißt, muss man noch eine andere Gruppierung von Sternen beschreiben: die Galaxien mit ihren schimmernden Nebeln und ihren dunklen interstellaren Wolken, die an der Geburt und am Tod eben dieser Sterne beteiligt sind. Egal, ob Sie sich für die eine oder andere Annäherung entscheiden: Stellen Sie sich vor, Sie würden zu einem nächtlichen Spaziergang in ihrer Begleitung aufbrechen … Wählen Sie einen schönen Herbst- oder Winterabend, wenn es schon früh dunkel wird und der Himmel sehr klar ist. Wählen Sie einen Ort weit weg von jedem künstlichen Licht und nutzen Sie die Gelegenheit, wenn kein Mond am Himmel steht. Vergessen Sie nicht, sich warm anzuziehen, nehmen Sie ein gutes Fernglas mit, ein Stativ, Ihre drehbare Himmelskarte, die auf das Datum und die Uhrzeit Ihres Spaziergangs eingestellt ist, und Ihre Taschenlampe mit ihrem roten Filter (➛ S. 55).

Die Nacht ist schön
Und voller Weltall …
Meine stille Seele genießt
Den Gesang der Welt.
Isidore Dalla Nora

Noch vor Ablauf der zehn bis fünfzehn Minuten, die notwendig sind, damit Ihre Augen sich an die Dunkelheit gewöhnen, können Sie bereits am nördlichen Horizont die bekannteste der „Himmelsfiguren" ausmachen: den „Großen Bären" oder auch „Großen Wagen" (➛ S. 146). Je nach Ort und Zeit sahen einige in diesen sieben Sternen eine Rinderherde, andere einen Sarg in Begleitung von drei Klageweibern … In Wirklichkeit gehören zu dem vollständigen Sternbild zusätzliche Sterne, die mit bloßem Auge aber kaum sichtbar sind, so dass Amateure sie die meiste Zeit gar nicht kennen. Nehmen Sie Ihr Fernglas und richten Sie es auf diese Himmelsgegend: Jede Menge anderer Sterne werden sichtbar! Bereits in der Antike bewertete man den Glanz der Sterne entsprechend ihrer Größe in einer Kategorie von 1 bis 6, die größten Sterne schienen am hellsten, die der Größenkategorie 6 waren mit bloßem Auge gerade noch wahrnehmbar (in einem ganz schwarzen, klaren Himmel). Heute spricht man eher von Größenordnungen.

Schauen Sie sich jetzt wieder den Großen Bären an und beachten Sie die beiden Sterne gegenüber seines „Schwanzes" (dem „Griff" des Wagens). Messen Sie deren Abstand mit Ihren Fingern, übertragen Sie diesen fünf Mal in seine Verlängerung: Sie werden auf einen recht hellen Stern stoßen, der nichts anderes ist als der berühmte Polarstern. Warum trägt er diesen Namen? Stellen Sie sich vor, man würde die Achse der Erde über den Nordpol hinaus verlängern: Man käme ganz in die Nähe eines Sterns, den man selbstverständlich Polarstern taufen würde, selbst wenn er sich nicht ganz genau auf der Verlängerung der Achse befindet (die Abweichung ist fast 1°).

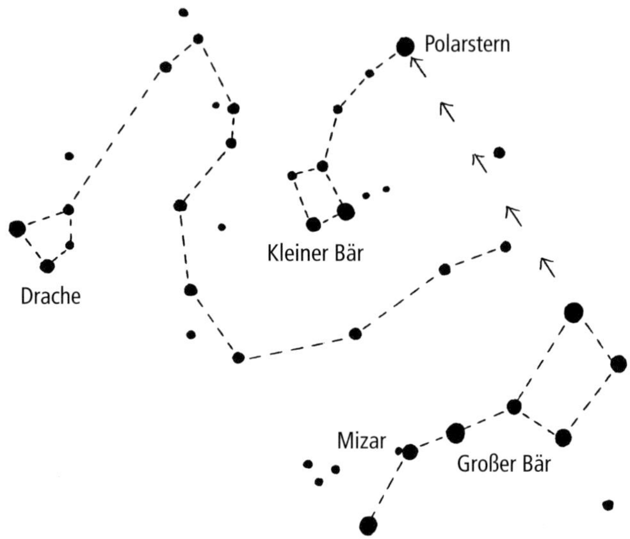

Zusammen mit seinen Nachbarn, die nicht ganz so hell sind (außer den beiden letzten), bildet der Polarstern das Sternbild des „Kleinen Bären“ – entsprechend einem Motiv, das dem Großen Bären sehr ähnlich sieht, jedoch spiegelverkehrt ist. Zwischen den beiden Sternbildern bemerken Sie mehrere Sterne, die eine gewundene Linie bilden: Das ist der Schwanz des „Drachen“, dessen Körper sich links um den Kleinen Bären dreht, dann macht er eine zweite Wendung, die sich durch eine Raute verlängert, die den Kopf darstellt.

Verfolgen Sie die beiden letzten Sterne des Großen Bären mit den Augen, aber gehen Sie dabei über den Polarstern hinaus und wenden Sie sich leicht nach rechts, dann landen Sie auf dem wunderschönen W der „Kassiopeia“. Man erkennt sie gut an der eckigen

Geometrie ihrer fünf hellsten Sterne (➛ S. 147). Königin in der griechischen Mythologie, stellt Kassiopeia hier wirklich die zentrale Figur eines Familienbildes dar! Schauen Sie genau hin: An ihrer Seite befindet sich auf der einen Seite der König Kepheus, ihr Gatte, und auf der anderen ihr Schwiegersohn Perseus. Dieser hat ihre Tochter Andromeda geheiratet, nachdem er sie aus den Klauen eines Seeungeheuers gerettet hat … Ihre Himmelskarte wird Ihnen helfen, diese drei Sternbilder zu finden, denn sie sind etwas schwieriger auszumachen als das der Kassiopeia (aber ihre Lokalisierung wird es Ihnen später erlauben, interessante Himmelskörper zu beobachten).

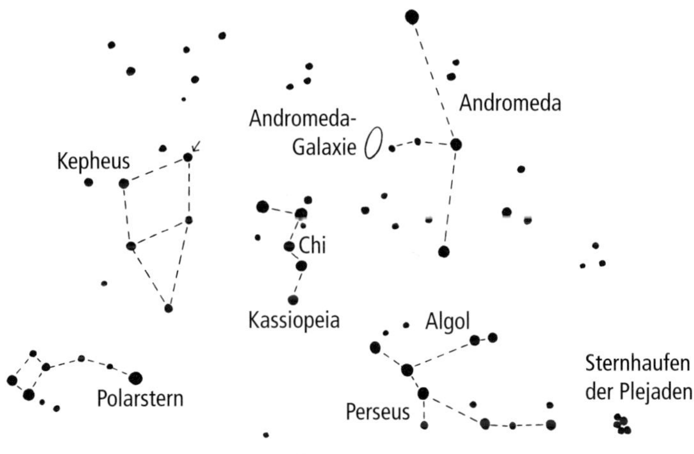

Es muss präzisiert werden, dass die Sternbilder durch eine optische Wirkung eine scheinbare Einheit bilden, jedoch nicht in der Wirklichkeit. Tatsächlich sind ihre Sterne nicht im Weltraum als Gruppe zusammen – im Gegenteil: Sie befinden sich „in der Tiefe" des Raumes in Bezug auf uns und mit Abständen, die sehr unterschiedlich sein können; einige sind näher, andere weiter entfernt. Ihre Gestalt entwickelt sich im Laufe der Zeitalter, ausgehend von der Bewegung jedes einzelnen Sterns. Vor einigen tausend Jahren hatte der Kleine Bär nicht die gleiche Form wie heute und der Polarstern zeigte nicht den Norden an!

Zweitausend Jahre vor unserer Zeit findet man bei den Sumerern und Babyloniern schon den Begriff der Sternbilder und später im III. Jahrhundert vor Christus den der 1022 gezählten und in 48 Sternbildern zusammengefassten Sterne. In der heutigen Zeit, nachdem die beiden Hemisphären des Himmelsgewölbes vereint worden sind, haben die Astronome diese in 88 geometrische Sektoren aufgeteilt – ein gigantisches Puzzle, in dem jedes Teil ein traditionelles Sternbild beinhaltet.

Die goldenen Augen der Nacht,
in dem Meer, das sie wiegt,
aufleuchtend wie in einem
leicht gewellten Himmel.
CHARLES-MARIE LECONTE DE LISLE

Die Erde dreht sich um sich selbst von Westen nach Osten, und der Sternenhimmel scheint sich im Laufe der Nacht in umgekehrter Bewegung zu drehen. Schauen Sie zum westlichen Horizont und suchen Sie zwei oder drei Sterne, die sich in der Nähe von Anhaltspunkten in der Landschaft befinden: Nach zehn Minuten werden sie hinter einem Hügel, einem Baum oder einem Dach verschwunden sein. Im Gegensatz hierzu werden am östlichen Horizont neue Sterne erschienen sein. Wenn man bei diesen Sternen von einem „Aufgehen“ und „Untergehen“ sprechen kann, bleiben andere die ganze Nacht über sichtbar: Es handelt sich dabei um Sterne, die über dem Polarstern stehen, die man als zirkumpolar bezeichnet. Die Sterne der Sternbilder, die wir bereits erwähnt haben, gehören dazu – mit Ausnahme des Sternbildes der Andromeda, da zur sehr am Rand, und der Sterne des Perseus.

Die Abbildung (➛ S. 149) zeigt, dass in der nördlichen Hemisphäre das Sternengewölbe den Eindruck macht, als würde es sich um eine Achse drehen, die vom Beobachter aus zum Polarstern geht. Diese Achse, parallel zur Erdachse, bildet also mit dem Horizont des Beobachtungsortes den gleichen Winkel wie der des örtlichen Breitengrades. Auf Bild a sieht man, dass am Nordpol mit einem Winkel von 90 Grad alle Sterne die ganze Nacht über sichtbar bleiben; Bild b zeigt, dass in Frankreich (mit einem mittleren Breitengrad von 45°) das nur für die nördlichen Sterne der Fall ist (es handelt sich um die zirkumpolaren Sterne), die anderen gehen auf und unter; auf dem Bild c, am Äquator, wo der Winkel 0 Grad beträgt, gehen alle Sterne auf und unter, außer dem Polarstern, der am Horizont bleibt.

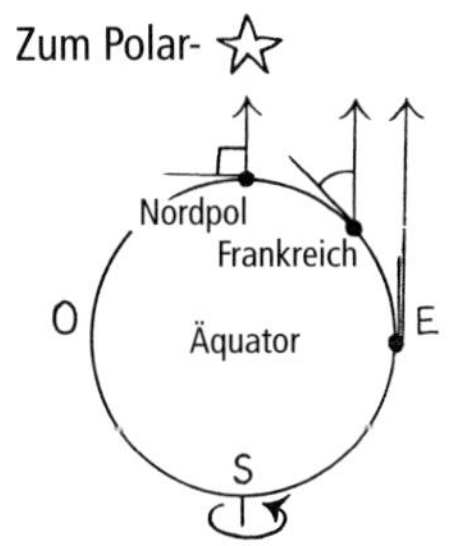

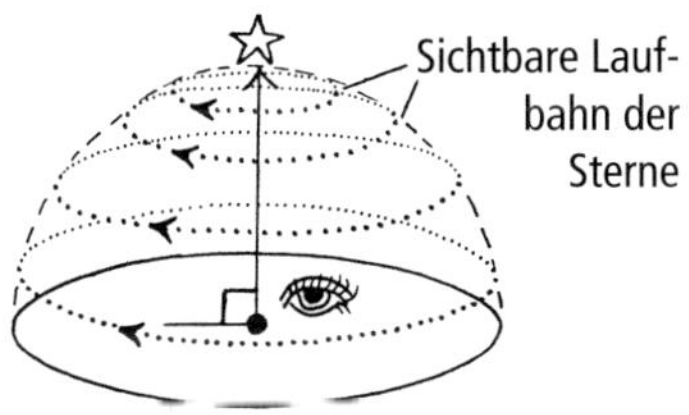

a – Am Nordpol

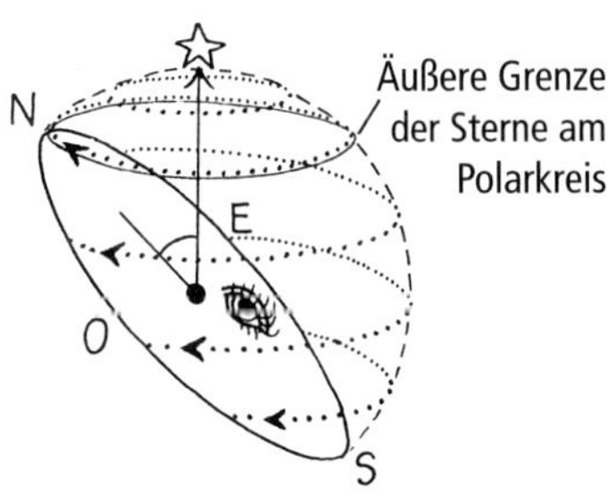

b – In Frankreich

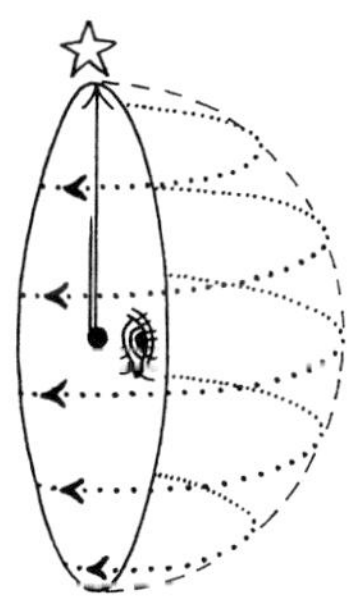
c – Am Äquator

Jedoch ist der Himmel zur gleichen Nachtstunde nicht immer identisch mit dem der vorhergehenden Nacht. Auch die Erde hat sich in den 24 Stunden auf ihrer Umlaufbahn um die Sonne fortbewegt. Dies lässt sich ganz leicht feststellen: Wenn Sie heute zu einer bestimmten Uhrzeit einen Stern in einer bestimmten Position sehen (z.B. in Bezug auf einen Schornstein), werden Sie feststellen, dass Ihr Stern morgen diese Position mit fast vier Minuten Vorsprung erreichen wird, und zur gleichen Uhrzeit wird er schon leicht verschoben sein. Es scheint also, als habe sich der Himmel in 24 Stunden leicht nach Westen „verschoben", was dazu führt, dass jede Nacht zu einer bestimmten Uhrzeit neue Sterne im Osten erscheinen. Aus diesem Grund entwickelt sich die Himmelskarte im Laufe des Jahres weiter.

Dieses Phänomen war unseren Vorfahren sehr gut bekannt und sie haben Bauernkalender und religiöse Kalender entwickelt, die sich auf das Erscheinen gewisser, sehr strahlender Sterne bezogen haben: Diese bestimmten den Zeitpunkt der Aussaat und der Ernte ebenso wie die religiösen Feste. Bei den Ägyptern war das Erscheinen des Sterns Sirius (den sie Sothis nannten) kurz vor Sonnenaufgang von höchster Bedeutung, denn er kündigte das Anschwellen des Nils an, der die Felder befruchtete. (Sirius ist der hellste Stern unseres Himmels und verdient deshalb, dass man für ihn einen kleinen Umweg macht: Schauen Sie sich auf Seite 153 an, wie man ihn vom Sternbild des Orion ausgehend finden kann).

Machen wir uns jetzt daran, einige Sternenbesonderheiten zu entdecken, die für eine Auswahl an Himmelskörpern repräsentativ sind (➤ S. 146, 147, 153). Wenden Sie sich wieder dem Großen Bären zu und beobach-

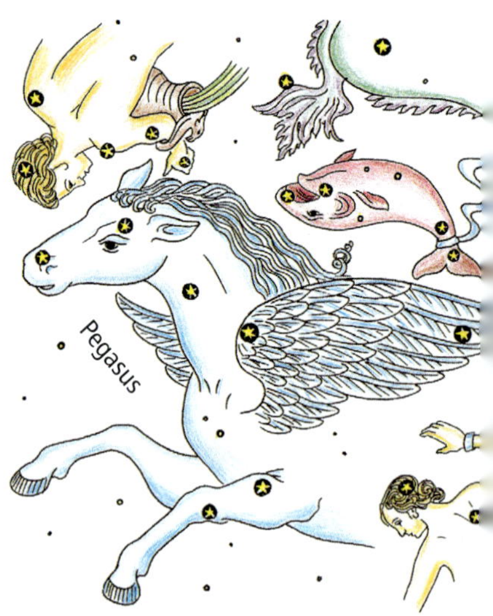

Ein anderes berühmtes Sternbild ist der *Pegasus*, hier in der Darstellung wie auf alten Karten. Umrahmt wird er von *Andromeda* (unten rechts), *Wassermann* (oben links), einem der beiden *Fische* und dem Schwanz des *Wals*.

ten Sie aufmerksam den zweiten Stern seines „Schwanzes" (von den Arabern, denen wir die meisten Sternnamen zu verdanken haben, „Mizar" getauft). Wenn Ihre Sehfähigkeit sehr gut ist, werden Sie einen kleinen leuchtenden Punkt bemerken, der fast am Hauptstern „klebt". Stimmt, es handelt sich um einen zweiten Stern, die beiden Himmelskörper bilden einen Doppelstern. Dennoch bilden sie kein richtiges Paar im Weltall: Noch einmal handelt es sich ausschließlich um eine optische Wirkung, weshalb die beiden Sterne nahe beieinander scheinen.

Welcher Arm kann euch aufhängen,
euch zahllose Sterne?
Strahlende Nacht, sage mir,
wer hat dir deinen Schleier gegeben?
JEAN RACINE

Doch gibt es auch richtige Paare, und sie sind sogar recht zahlreich. Die beiden Sterne, fast immer sehr verschieden in Durchmesser, Farbe und Helligkeit, bilden ein binäres System: Durch die gegenseitige Anziehungskraft aneinander gebunden, drehen sie sich um einen gemeinsamen Schwerpunkt. Nur mit einem kleinen Fernrohr kann man sie getrennt wahrnehmen, das Auge und das Fernglas sehen nur einen Himmelskörper, denn sie haben nicht, wie die Astronomen sagen, die ausreichende Trennkraft. Es gibt auch Verbände mit drei, vier, fünf und mehr Sternen, und das sogar ziemlich oft.

Einige Sterne haben, von der Erde aus gesehen, eine andere Besonderheit. Suchen Sie im Sternbild des Perseus den Stern namens Algol (er stellt den Kopf der Medusa dar, die Perseus getötet hat) und beobachten Sie aufmerksam seine Helligkeit: Wenn dieses Licht Ihnen recht schwach erscheint, haben Sie vielleicht das Glück, ihn gerade zu beobachten, während er sich verdunkelt! Es handelt sich hier um einen Doppelstern, dessen Partner sich alle drei Tage zwischen ihn und die Erde schiebt, wobei er über mehrere Stunden einen spektakulären Abfall der Helligkeit verursacht (was man mit bloßem Auge beobachten kann). Man nennt Agol einen Stern mit Verdeckungsveränderlichkeit.

Es gibt andere veränderliche Sterne, diese sind Einzelgänger. Schauen Sie sich zum Beispiel den zentralen Stern der Kassiopeia an: Er heißt Chi und ist dafür bekannt, Ausmaß und Farbe ebenso wie Helligkeit zu ändern. Abwechselnd zieht er sich zusammen und dehnt sich aus, und das nicht nach einem berechenbaren Rhythmus – im Gegensatz zu anderen Sternen, die dies regelmäßig oder fast regelmäßig tun und zwar in einem Rhythmus von einigen Tagen bis hin zu einigen Dutzend Jahren. Letztere nennt man Pulsationsveränderliche, wie den Stern im Bild des Kepheus, den wir auf der Abbildung (➛ S. 147) mit einem kleinen Pfeil markiert sehen. Von orangener Farbe sind sie „alternde" Sterne, wie wir später erkennen werden.

Die Sterne, Blumen aus aufblühendem Gold,
auf den wunderbaren Feldern des Weltalls.
Charles De Foucauld

Um uns die Farbe der Sterne anzuschauen, suchen Sie jetzt das schönste Sternbild des winterlichen Himmels, das den Namen des griechischen Jägers Orion trägt (➛ S. 153).

Leicht zu erkennen finden Sie es hoch über dem Horizont, indem Sie von Südosten nach Südwesten gehen. Zwei seiner Sterne, die sein Doppeltrapez bilden, sind sehr hell, doch unterscheiden sie sich durch ihre Farben (was Sie besser im Fernglas sehen können): Oben links, der Schulter des Jägers entsprechend, befindet sich Beteigeuze, ein rötlicher Stern (er ist ein Roter Riese, auch er ein veränderlicher Stern), und ihm gegenüber, auf der Höhe des rechten Knies, steht der eher bläuliche Rigel (ebenfalls ein Riese, jedoch blau, der sogar ein Überriese ist!).

Die Sterne können auch weiß, gelb, (wie unsere Sonne), orange ... sein. Ihre Farbe hängt von der Oberflächentemperatur ab: Die blauen Sterne sind die wärmsten (etwa 35 000 °C); dann kommen die weißen, die gelben, die orangenen, die roten (3 000 °C). Es gibt sogar noch weniger warme Sterne: die Roten, Braunen oder Weißen Zwerge, von denen später die Rede sein wird.

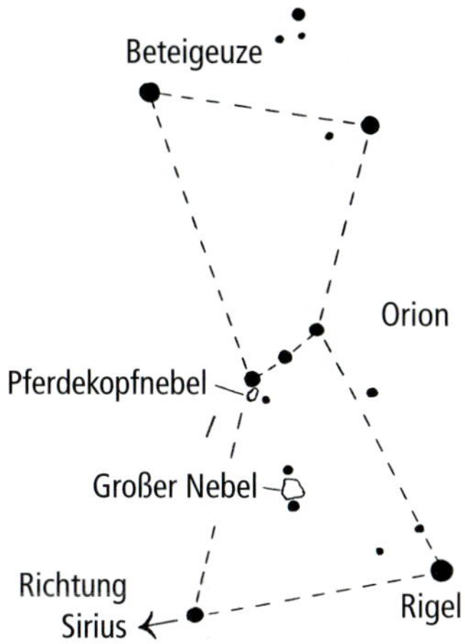

Neben der Oberflächentemperatur sammeln die Astrophysiker Informationen zu den Sternen über die Strahlung, indem sie deren Spektrum analysieren. Zur Erinnerung: Ein Spektrum ist eine farbige Lichtreflexion, die – wie man vereinfacht sagt – die „Regenbogenfarben“ wiedergibt.

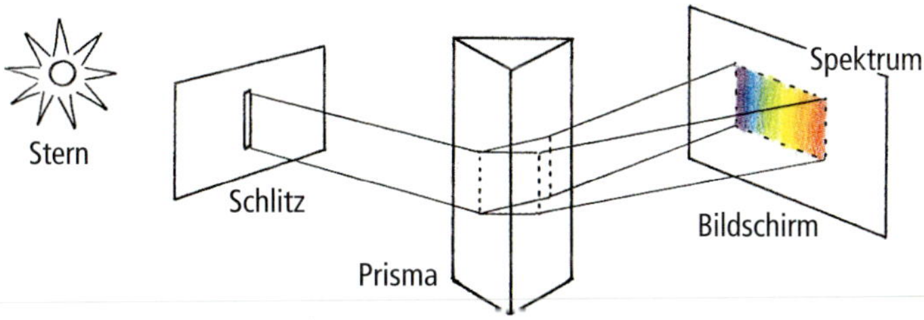

Man kann es erhalten, indem man die Strahlen eines Himmelskörpers durch ein Glasprisma fallen lässt. Im Spektrum eines Sterns sind sehr zahlreiche, sehr feine dunkle Striche zu sehen, die sich an ganz bestimmten Stellen befinden. Sie sind die „Unterschrift“ der verschiedenen Atomarten, die es auf ihm gibt: Wasserstoff und Helium selbstverständlich, aber auch Kohlenstoff, Sauerstoff, Stickstoff und viele andere, wie wir später kennen lernen werden.

Gerne würde ich dich
Mit Sternenmusik krönen.
VITAL HEURTEBISE

Kehren wir noch einmal zum Sternbild des Orion zurück. Dort erwartet Sie eine hübsche Überraschung: In der Mitte des Bildes, etwas versetzt, befinden sich drei Sterne in gleichem Abstand und in einer Reihe (man nennt sie manchmal auch Jakobsstab oder Jakobsleiter). Diese bilden den Gürtel des Orion, das heißt den Gürtel des Jägers. Steigt man hinab zu den Knien dieses Jägers, auf halbe Höhe, entdeckt man eines der Wunder des Nachthimmels … Doch handelt es sich dabei nicht um einen Stern. Wenn Sie diese Gegend aufmerksam mit bloßem Auge absuchen, werden Sie einen kleinen hellen, unscharfen Fleck entdecken: Das ist der große Orionnebel (➛ S. 155), der mit zwei kleinen Sternen das Schwertgehänge des Orion bildet. (Nebenbei werden Sie feststellen, dass die Sensibilität Ihres Auges bei Nachtsicht besser ist; jedoch nicht, wenn Sie den Gegenstand direkt anschauen, sondern Ihren Blick leicht daneben lenken.) Mit Ihrem Fernglas können Sie dann die „geflügelte" Form dessen bewundern, was eine außergewöhnliche Wolke interstellaren Gases ist: Örtlich durch einige Sterne in der Mitte erleuchtet, ist sie so gigantisch, dass Tausende von Sonnensystemen darin Platz fänden!

Interstellare Wolken wie diese enthalten auch Staubpartikel, mehr oder weniger dicht konzentriert: Zonen, die undurchsichtig geworden sind, bilden Dunkelwolken, die man manchmal dank eines hellen Hintergrundes sieht. Hierfür findet man ein sehr schönes Beispiel in einem anderen Nebel des Orion, genau unterhalb des linken Sterns des Gürtels: Das ist der berühmte Pferdekopfnebel, der seinen Namen der Form der Dunkelwolke verdankt, die sich von einem breiten rötlichen Hintergrund abhebt. (Um ihn sich anzuschauen, benötigen Sie allerdings ein sehr gutes Teleskop!)

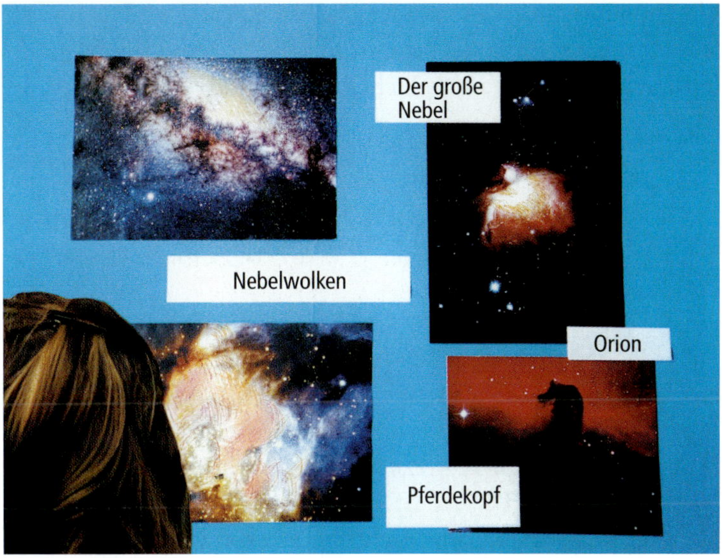

Ausgehend von den Sternen und den Nebeln, die Sie gerade kennen gelernt haben, wollen wir vom „Leben“ der Sterne sprechen. (Das Wort „Leben“ wird hier in Anführungszeichen gesetzt – wie später auch ähnliche Wörter –, denn es handelt sich hier um einen sinnentfremdeten Gebrauch der Sprache, der aber sehr bequem ist, um auf bildhafte Art und Weise sehr komplexe Vorgänge zu beschreiben.) Im Gegensatz zu dem, was unsere Vorfahren dachten, sind Sterne nicht ewig: Die „werden geboren, leben und sterben“. Ihre Wiegen sind genau gesagt die riesigen Gas- und Staubnebel wie die im Orion, wahre Sternen-Kinderstuben.

Wie wird ein Stern „geboren“? Durch die Wirkung seiner eigenen Masse bricht die interstellare Wolke in sich zusammen und zerbirst. Einige ihrer Teile, die massiv genug sind, ziehen sich weiterhin alleine zusammen, was in ihrem Inneren zu einem starken Temperaturanstieg führt. Dieser kann so erheblich sein bis er erlaubt, dass in der Mitte jeden Fragments, das zu einem Sternen-Embryo geworden ist, thermonukleare Verschmelzungen beginnen: Eine ganze Geschwisterschar an Sternen wird „geboren“, jeder einzelne von ihnen beginnt mit sichtbarem Licht zu strahlen, nachdem er infrarotes Licht ausgesandt hat.

So hat man mir einen ganzen
Wurf an Sonnen gezeigt,
noch verstrickt in den
kalten Falten des Nebels.
Paul Claudel

Diese jungen Sterne bleiben eine gewisse Zeit in einer Gruppe zusammen; sie bilden das, was man einen offenen Haufen nennt (der aber nichts zu tun hat mit einem System von Mehrfachsternen, die umeinander kreisen). Am bekanntesten sind die Plejaden (➛ S. 180). Um sie zu sehen, gehen Sie von der rechten Schulter des Orion aus in Richtung Andromeda: Nachdem Sie das Sternbild des Stiers (mit seinem Stern Aldebaran, einem wunderschönen roten Überriesen) erreicht haben, gehen Sie etwas weiter in die gleiche Richtung und erreichen so die Sterne der Plejaden, von denen Sie fünf bis zehn unterscheiden können, je nachdem, wie gut Ihre Sehschärfe ist, und auch noch mehr, wenn Sie ein Fernglas benutzen. Sie sind blaue Sterne, sehr jung und sehr heiß, die noch in den „Windeln“ liegen: Einige mit einem Teleskop aufgenommene Fotos zeigen wirklich um sie herum die Wolkenreste (in Form kleiner „hingepinselter“ Nebel), aus denen sie geboren wurden.

Auch gibt es andere Arten von Haufen in kugelförmigen Gruppen, die sich diesmal aus sehr alten Sternen zusammensetzen: Nachdem sie bei ihrer Geburt sehr eng zusammengestanden haben, bleiben sie in ihrer gegenseitigen Anziehungskraft gefangen und wimmeln inmitten eines Kugelsternhaufens (➛ S. 156). Der berühmteste, mit dem Fernglas sichtbare Kugelsternhaufen befindet sich im Sternbild des Herkules (rechts, unter der Schulter des Helden) und ist von Frühjahr bis zum Herbst am Himmel sichtbar.

Die jungen Sterne können sich in der Folge verteilen, einige bilden andere binäre oder multiple Systeme. Nicht selten ist einer der Partner ein Brauner Zwerg, das heißt ein Stern, der aus einer Wolke geboren wurde, die anfangs zu massiv war, als dass eine anschließende Verschmelzung stattfinden konnte. Dieser Stern wird niemals leuchten und somit wesentlich schwieriger zu entdecken sein als seine Brüder: Man kann seine Anwesenheit nur dank spezieller Verfahren erahnen.

Ob er alleine steht oder zusammen mit anderen, jeder Stern wird eine bestimmte Anzahl von Millionen oder Milliarden Jahren leuchten, was in einer gewissen Art seiner „aktiven" Periode entspricht. Alles hängt von der Masse des Sterns ab: Paradoxerweise wird diese Phase für die massiven Sterne kürzer sein als für die anderen.

Warum? Weil die blauen Überriesen, die heißesten und damit „aktivsten", ihren nuklearen Brennstoff sehr viel schneller aufbrauchen als die mittleren Sterne wie unsere Sonne.

Es ist höchste Zeit,
die Sterne wieder anzuzünden
GUILLAUME APPOLINAIRE

Was werden die Sterne am Ende ihres „aktiven Lebens"? Ihr Schicksal hängt auch von ihrer Masse ab. Stellen wir uns den Überriesen Rigel in „nur" zehn Millionen Jahren vor: Nachdem er einmal fast seinen ganzen Wasserstoff in Helium verwandelt

hat, wird seine Temperatur sinken, wobei seine Farbe sich über rot in orange ändert (wie Beteigeuze). Anschließend, während sein „Herz" sich zusammenziehen wird, werden die äußeren Schichten in eine Phase der Ausdehnung eintreten, die sich vielleicht mit den „Anspannungen" abwechseln wird: Er wird also zu einem veränderlichen Pulsierenden, wie wir es oben besprochen haben. Am Ende dieser Phase wird Rigel zu einer Supernova: Als Ergebnis einer riesigen Schockwelle, die durch das Zusammenbrechen seines Herzens entsteht, erfolgt eine gigantische Explosion, die einen großen Teil seiner Materie in das Weltall schleudern wird. Das Foto (➛ S. 158) zeigt einen Eindruck dessen, was man in tausend Jahren sehen kann: Es handelt sich um die Supernova des Krebsnebels, dessen sehr intensives Zerbersten schlagartig im Jahre 1054 sichtbar wurde und das die Chinesen in ihren Jahrbüchern erwähnt haben.

Die Reste von Rigel werden zu einem Neutronenstern: Nachdem er eine extrem hohe Dichte erreicht hat (in der Größenordnung von 100 Millionen Tonnen pro Kubikzentimeter), wird er sich sehr schnell um sich selbst drehen und dabei in regelmäßigen Abständen Radiowellen aussenden, die mit einem Radioteleskop messbar sind (hieraus leitet sich sein Name Pulsar ab) – und das für sehr lange Zeit.

Aber in Anbetracht der ursprünglichen Riesenhaftigkeit von Rigel ist es wahrscheinlich, dass dieser Neutronenstern fortfahren wird, in sich zusammenzubrechen, um zu einem der erstaunlichsten Objekte des ganzen „Sternenstalls" zu werden, das heißt:

ein schwarzes Loch … Wegen seiner außergewöhnlichen Dichte wird er in einer gewissen Form in Raum und Zeit einen „Gravitations-Brunnen graben“, aus dem das Licht nicht mehr heraus kann und wo die Zeit sich örtlich verlangsamt: Dieser „Gravitationsschlund“ wird alles verschlingen, was in seine Nähe kommt!

Einen mittleren Stern, das heißt einen banalen Stern wie unsere Sonne, erwartet ein weniger erhebendes Schicksal. In fünf Milliarden Jahren, wenn sie ihren Wasserstoff aufgebraucht hat, werden ihre äußeren Schichten beginnen sich auszudehnen, und sie werden durch das Erkalten rot, während ihr Herz sich zusammenzieht, was eine gewisse Instabilität mit sich bringen wird. Diese vorübergehende Phase könnte mit dem Absprengen der äußersten Schichten enden, die dann eine Art „Blase“ um ihr Herz bilden oder auch einen Ring wie einen „Rauchkringel“ (➛ S. 159). Manchmal haben diese Ringe den Namen Planetennebel behalten, da man früher dachte, es handle sich um Planeten in ihrer Entstehung.

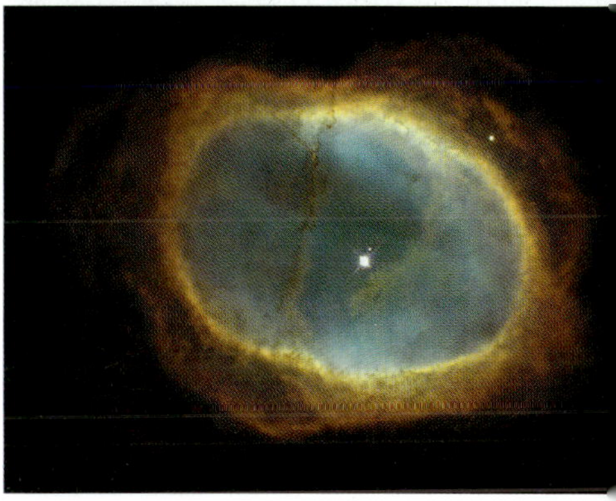

Von einem Großteil ihrer Materie befreit wird unsere Sonne zu einem Weißen Zwerg geworden sein: Mit einem verringerten Durchmesser ähnlich dem der Erde wird sie etwa tausend Mal schwächer strahlen als während ihrer „aktiven“ Phase, trotz einer noch recht hohen Oberflächentemperatur. Und ihre Dichte wird etwa eine Tonne pro Kubikzentimeter betragen. Nach einem unvermeidlichen Abkühlen wird ihr Strahlen so gering sein wie das eines Roten Zwerges, dann wie eines Braunen Zwerges. Man könnte von einem „Sternenkadaver“ sprechen …

Nun, diese goldenen Globen,
diese Inseln aus Licht,
die aus Instinkt
das träumende Augenlid suchen,
sprühen zu Tausenden
aus dem Schatten, der sich verflüchtigt
wie Goldstaub auf den Fußstapfen der Nacht.
ALPHONSE DE LAMARTINE

Alle diese Sternenvölker, die wir erwähnt haben, sind nicht im Universum verstreut: Sie befinden sich zu Milliarden in großen, Galaxien genannten „Lichtinseln" inmitten des Weltalls. Sie können einige von ihnen oberhalb der Sterne am Firmament, die selbstverständlich zu unserer eigenen Galaxie gehören, mit bloßem Auge wahrnehmen. Im rechten Winkel vom zentralen Stern der Andromeda in Richtung Kassiopeia gehend, werden Sie einen kleinen hellen länglichen Fleck erkennen, der im Fernglas wie ein unscharfes Oval mit einer sehr hellen Mitte aussieht: Das ist die Andromedagalaxie, die sich aus zweihundert Milliarden Sternen zusammensetzt … (➛ S. 193). Mehr als zwei Millionen Lichtjahre von uns weg handelt es sich um das weit entfernteste Objekt, das Sie mit bloßem Auge sehen können!

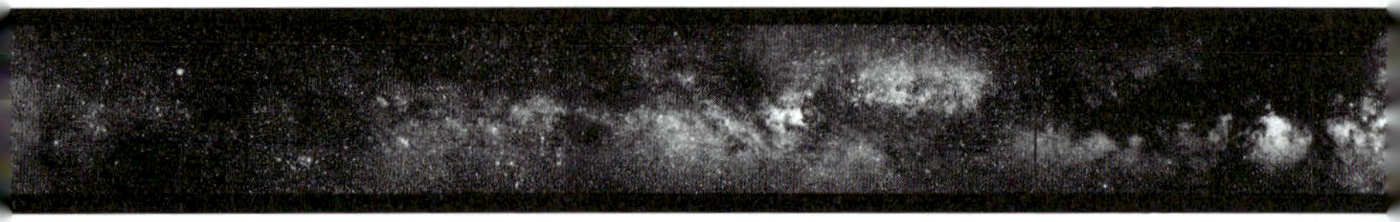

Träumen Sie davon, dass ein solch weiter Blick auch bedeutet in der „Zeit zurückzugehen“: So wie Sie es sehen, wurde das Licht dieser Galaxie ausgestrahlt als der Mensch nicht mehr als ein Australopithecus war (eine ausgestorbene Vormenschen-Gattung der Familie der Hominoidea, zu der auch der Mensch zählt. Anm. d. Ü.). Dieses Sternenaggregat bildet eine unermessliche, in der Mitte verdickte Scheibe und besitzt mehrere Arme, die sich um seinen zentralen Kern winden: Es handelt sich um eine Spiralgalaxie – genau wie die unsere (➛ S. 160).

Natürlich können die Erdenbewohner ihre Galaxie nur „von innen heraus“ bewundern. Diese weißliche Spur, die den Himmel von einem Horizont zum anderen durchzieht, ist die Milchstraße – unsere Galaxie vom Profil her gesehen (die Astronomen sagen: „im Aufschnitt gesehen“). Durch eine perspektivische Wirkung scheinen ihre Sterne so eng zusammenzustehen, dass das Auge sie nicht auseinander halten kann; von daher kommt auch dieses milchige Aussehen, dem sie ihren Namen verdankt. Mit einem Teleskop kann man jedoch Myriaden von Sternen unterscheiden. Einige Bereiche, die dunkler erscheinen, zeigen die Anwesenheit von sehr dichten Staubwolken (die Dunkelwolken, von denen wir auf S. 156 gesprochen haben).

Mit etwa hundert Milliarden Sternen dehnt sich die Scheibe unserer Galaxie auf 100 000 Lichtjahre aus (zum Vergleich: Das Sonnensystem wäre ein Stecknadelkopf auf einem Feld von 65 km Durchmesser!), und sie dreht sich in einem „galaktischen Jahr“ (220 Millionen Jahre) langsam um sich selbst. Unsere Sonne liegt auf einem der Spiralarme, dessen Helligkeit von der „verketteten“ Anhäufung junger und massiver Sterne kommt. Der ihr am nächsten stehende Stern, Proxima, ist trotzdem noch vier Licht-

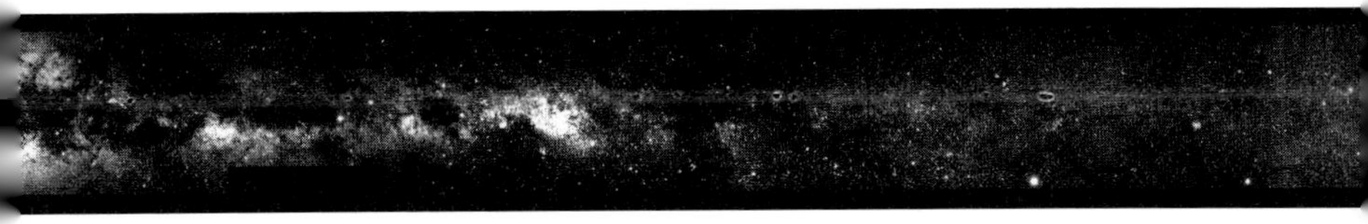

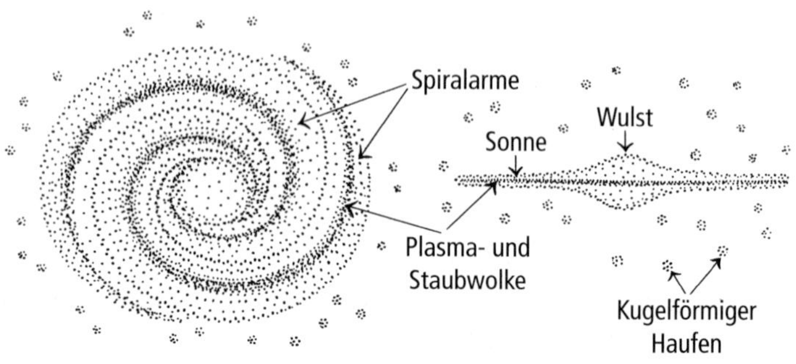

jahre entfernt (das bedeutet 40 000 Milliarden km!). Die Spiralarme werden durch lange Gas- und Staubwolken gedoppelt, die, sieht man eine Spiralgalaxie im Profil, oft dunkle Linien zwischen ihren Außenrändern bilden. Der zentrale Kern der Milchstraße, die man von der Erde aus nicht sehen kann, besteht aus sehr alten Sternen, die fast so alt sind wie das Universum, das heißt fünfzehn Milliarden Jahre.

Man geht davon aus, dass diese Sterne sich zur gleichen Zeit gebildet haben wie andere, die Kugelsternhaufen bilden und die Galaxie mit einem gigantischen Lichthof umrahmen.

Im Universum befinden sich wohl Hunderte von Milliarden Galaxien von sehr unterschiedlichem Durchmesser mit – wie bei den Sternen – Zwergen und Riesen, ebenfalls mannigfaltig in ihrer Form: Spiralgalaxien, die am häufigsten vorkommen, haben ihre Arme mehr oder weniger um ihren Kern gerollt; die anderen können linsenförmig, elliptisch, mehr oder weniger kugelförmig sein oder keine feste Form haben. Sie verteilen sich nicht gleichmäßig im Raum, sammeln sich aber in Haufen und Überhaufen: Unser örtlicher Haufen, in der sich unsere Nachbarin, die Andromedagalaxie, befindet, gehört selbst zum Überhaufen der Jungfrau.

Die Galaxien können überraschende Phänomene aufweisen: Einige „stoßen zusammen" und verbinden sich, wobei die massiveren unter ihnen sich die Sternenmasse der anderen einverleiben (man spricht hier von Kollidierenden Galaxien). Sehr weit entfernt und sehr aktiv haben andere ein Zentrum von blindmachender Helligkeit, wobei es sich um eine Schutthalde blauer Sterne handelt: Sie senden eine Strahlung mit einer solch außergewöhnlichen Intensität aus, dass dies ihnen den Namen Quasar (von quasi star = fast Stern) eingebracht hat. Man vermutet in ihrem Inneren die Existenz von gigantischen schwarzen Löchern, die die Sternmasse „verschlingen" …

In dem Stern ist etwas von mir,
was ich nie sehen werde,
es ist etwas von ihm
im Tiefsten meines Inneren.
GEORGES CLEMENCEAU

Vom „Leben" der Sterne, dem höchsten Alter inmitten der zahllosen Galaxien zu sprechen, führt natürlich zu der Frage nach der Geschichte des Universums, der des Sonnensystems und auch der unsrigen als Erdenbürger … Bemerkenswerte Bücher geben spannende Antworten, auch wenn einige vielleicht provisorisch sind: Die Wissenschaften entwickeln sich selbst kontinuierlich fort, was an einem Tag noch wahr erschien, ist es am nächsten überhaupt nicht mehr.

Deshalb hier zusammengefasst und sehr vereinfacht die aktuelle Version der Geschichte des Universums: Vor etwa fünfzehn Milliarden Jahren wurde das Universum aus dem … Nichts „geboren", oder genauer gesagt aus dem, was die Physiker die Vakuumfluktuation nennen. Da das Nichts oder Vakuum der Physiker eine bestimmte Form an Energie enthält, die in der Lage ist, spontan Teilchen zu bilden (selbst wenn diese sehr kurzlebig sind), ist der Begriff in keinster Weise synonym mit dem der Philosophen.

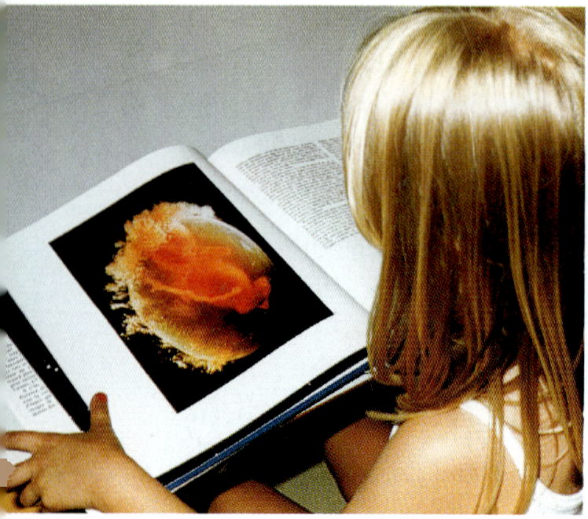

Stellen Sie sich einmal eine Vakuumfluktuation vor, die plötzlich das Entstehen einer kleinen Blase bedingt. Diese wiederum stellt eine fantastische Konzentration an Energie dar, aber noch keine Materie. Der berühmet Big Bang findet statt, vergleichbar mit einer riesigen Explosion: Er kennzeichnet eine Ausdehnung, die noch andauert. Unsere kleine „Blase" erlebt ein außergewöhnliches Aufblähen für den winzigen Bruchteil einer Sekunde, an dessen Ende die ganze Materie des Universums in Form eines „Pürees" aus extrem dichten und heißen Teilchen vorhanden ist.

Seine Ausweitung schnell vorantreibend, verdünnt sich das Universum und kühlt ab, dann wird es für das Licht durchlässig. In der Zwischenzeit haben sich die Teilchen zusammengeschlossen, um die ersten Wasserstoff- und Heliumatomkerne zu bilden. Dennoch muss man noch mindestens eine Milliarde Jahre warten, bevor durch die Wirkung der Gravitation riesige kalte Gaswolken kondensieren und sich aufteilen, um die ersten Galaxien mit ihren Myriaden von Sternen zu bilden. An dieser Stelle wird die Geschichte des Universums spannend, denn sie beweist uns, dass „wir in einer gewissen Form die Kinder dieser Sterne sind", wie Hubert Reeves es in seinem Buch „Poussières d'étoiles" sagt.

Schauen wir uns das einmal an: In der Knallhitze der Sterne verbinden sich Teilchen dank nuklearer Rektionen, um Atomkerne zu bilden. Alle Atome, die wir kennen! Darunter Kohlenstoff, Stickstoff, Sauerstoff, die, das haben Sie schon verstanden, an der Bildung wertvoller Substanzen wie dem Wasser oder der Luft, die wir atmen, beteiligt sind. Aber auch an den Molekülen, die unsere eigenen Zellen bilden ... Doch greifen wir nicht vor.

Wenn die Sterne am Ende ihres „Lebens“ ihre eigene Materie ins Weltall werfen, und mit ihr alle Atomkerne, die sie gebildet haben, schnappen letztere sich die Elektronen, die im All sind, um komplette Atome zu bilden. Diese Atome schließen sich wiederum untereinander zusammen und bilden immer komplexere Moleküle. Und darunter auch diejenigen, die eines Tages zu den Bausteinen des Lebens werden …

Versuchen Sie, sich unsere Milchstraße mit ihren Sternen kurz nach ihrer Bildung vorzustellen: Es gibt noch keinerlei „schweres“ Element im interstellaren Raum, doch jeder Stern an seinem „Lebensende“ wird sich verstreuen und somit dazu beitragen, sie zu bereichern. Neue Sterne werden aus diesem erstmals bereicherten Nährboden geboren, und sie werden ihrerseits wieder ihre Ernte an schweren Atomkernen beitragen. Dieses Szenario wird sich über Sternengenerationen hinweg wiederholen, und zwar so effektiv, dass etwa zehn Milliarden Jahre nach dem Beginn der Geschichte unser Sonnensystem auf der Bühne erscheint …

Unsere Galaxie enthält mittlerweile genügend Splitter und Saatgut aufeinander folgender Generationen von Sternen, und diese haben Atome gebildet, die sich zu kleinsten Staubpartikeln zusammengeschlossen haben, manchmal mit Eis vermischt: Diese haben die Dunkelwolken gebildet, die mit Gaswolken vermischt sind. Stellen Sie sich jetzt eine solche Dunkelwolke vor, „geschubst“ vielleicht durch die Schockwelle einer Supernova. Sie beginnt, sich immer schneller um sich selbst zu drehen, wird dann immer flacher und bildet eine weit ausgedehnte Scheibe, in der Mitte leicht gewölbt. Dort wird ein Stern „geboren“: unsere Sonne … Überall um sie herum verbinden sich Staubkörner miteinander, bilden immer größere Körner: die Akkretionsteilchen. Aus ihnen entstehen die vier tellurischen (irdenen) Planeten (Merkur, Venus, die Erde und Mars), aber auch alle Monde, Asteroiden und Pluto. Etwas weiter entfernt ballt sich das Gas in der Scheibe zusammen, um die vier Gasriesen zu bilden (Jupiter, Saturn, Uranus und Neptun) und noch weiter draußen verbinden sich das Gas und die Staubteilchen der Peripherie, um Myriaden von eisigen Kometenkernen zu bilden: Unser Sonnensystem ist geboren …

> *Die Wissenschaft hat uns gelehrt,*
> *dass wir mit der ganzen Materie des Universums*
> *eine gemeinsame Geschichte teilen, (…)*
> *dass wir das ganze Universum*
> *in uns tragen, dass wir*
> *untrennbar mit ihm verbunden sind.*
> TRINH XUAN THUAN

Der äußere Rahmen ist geschaffen. Kann der Mensch endlich erscheinen? Noch nicht: Wir müssen noch einige Milliarden Jahre warten, bevor der Planet bewohnbar wird und eine lange Entwicklungskette der Spezies ihre Gene verteilt hat … „Müssen wir uns darüber wundern, dass das Universum bereits fünfzehn Milliarden Jahre alt ist?“, fragt Hubert Reeves in „Patience dans l'azur“. „Es braucht nicht weniger, um ein Wesen hervorzubringen, das es nach seinem Alter fragt …“

An diese Frage kann man eine weitere anschließen: „Sind wir alleine im Universum?“ Dieses Thema beschäftigte bereits die alten Griechen vor über zweitausend Jahren, und heute werden hierzu ernsthafte Forschungen auf der ganzen Welt angestellt. Radioteleskope spionieren die Sterne ununterbrochen aus, lauern auf jedes Funksignal, das von intelligenten Wesen kommen könnte. Im Moment ergibt dies keine Ergebnisse … Hingegen entdeckt man seit einigen Jahren regelmäßig Planeten außerhalb des Sonnensystems, Exoplaneten genannt. Die benutzen Methoden erlauben erst die Entdeckung von Gasriesen, oft größer als Jupiter, die seltsamerweise sehr nahe an ihrem Stern stehen: Es handelt sich also um Planeten, die kaum vermuten lassen, dass sie Leben beherbergen, nicht einmal Spuren von Leben. Doch gibt es keinen Zweifel, dass in einer nahen Zukunft immer bessere Techniken es erlauben werden, die Existenz von tellurischen Planeten wie dem unsrigen nachzuweisen und sogar Bilder zu liefern!

Und danach? Wenn wir davon ausgehen, dass die Erdenbürger sich ihr schönes, aber empfindliches Raumschiff bewahren können, dann haben sie noch eine gute Zeit vor sich, denn ihr Stern wird noch fünf Milliarden Jahre leuchten, bevor er nach und nach „erlischt“ wie alle mittleren Sterne (➤ S. 159): Die Erde wird dann nach und nach unbewohnbar werden …

Und was ist die Bestimmung des Universums? Wir wissen, dass es sich ausdehnt, die Galaxien entfernen sich voneinander, doch wird das eines Tages aufhören? Alles hängt von seiner Dichte ab. Unterhalb einer bestimmten Schwelle wird die Ausdehnung sich unendlich fortsetzen; darüber werden die Gravitationskräfte es letztendlich so weit davontragen, dass die Ausdehnung sich verlangsamen und dann ihre Bewegung umkehren wird: Das Universum wird dann in eine Phase des Zusammenziehens eintreten, die im Gegensatz zum Big Bang mit einem Big Crunch enden wird. Die ganze Materie wird sich wieder zusammenschließen, bis die Partikel sich zermalmen … Im Moment ist es uns kaum möglich, die Dichte des Universums genau zu kennen, denn zu der sichtbaren Materie kommt eine unsichtbare schwarze Materie hinzu, deren Existenz wir nur durch ihre Wirkung auf die sichtbare Materie kennen.

Der Himmel stellt sich keine Fragen.
Er lässt die Sterne singen.
MAURICE CARÊME

Es sieht also so aus, als würden die Vergangenheit, die Gegenwart und die Zukunft dieses Universums, dessen Ausmaße von Raum und Zeit so unermesslich sind, paradoxerweise davon abhängen, was sich in einem unendlich kleinen Bereich abspielt, einem Bereich, in dem sich die Wissenschaft scheinbar weniger wohl fühlt als in der unendlichen Größe.

„Werden wir jemals das Endziel erreichen, werden wir jemals bis zur Letzten Wahrheit vordringen, dahin, wo sich das Universum in seinem ganzen Glanz auftut, wo die Melodie uns alle ihre Geheimnisse preisgeben wird?" Diese letzte Frage, die der Astrophysiker Trinh Xuan Thuan stellt, kann nicht – geben wir es zu – die Verzückung mindern, die uns der Anblick des Sternenhimmels gibt …

Die Sterne entdecken

Dank der gemeinsamen Beobachtungsabende oder der nächtlichen Spaziergänge mit der Familie, doch auch dank all der Bücher und Dokumente, die sie sich zu den vielen besprochenen-Themen angeschaut haben, werden einige Kinder etwas Wissen zu Sternen aufgesammelt haben, das sie stolz zeigen:

„Ich kann den Großen Bären am Himmel erkennen. Mein Papa hat mich das gelehrt!" „Ich auch. Und manchmal erkennt man ihn nicht gut, denn er steht auf dem Kopf." „Vor ein paar Tagen, als wir im Kindergarten Jupiter angeschaut haben, hat man am Himmel Sterne gesehen, die ein großes W gebildet haben." „Im Buch meines Bruders gibt es runde Sterne wie die Sonne, aber die sind in allen Farben und riesengroß. Der allergrößte ist ganz rot!" „Stimmt, und auf meiner Videokassette gibt es sogar große Sternenkreisel, die heißen Galaxien!"

Natürlich muss man etwas Ordnung in all diese Elemente bringen, sie untereinander verbinden, sie anschließend vertiefen und dem Alter und dem Interesse der Kinder entsprechend ergänzen. Hierfür erinnere ich noch einmal an den Leitgedanken zu Beginn des Kapitels: Ausgangspunkt ist das Abspeichern im Gedächtnis, dann das Auffinden einiger leicht zu erkennender Sternbilder bei direkter Beobachtung.

Die Sternbilder entdecken

Der Kleine Bär
Macht seine Einkäufe
Und sucht seinen Honig
In den Waben des Himmels.
Claude Roy

Die Kinder werden glücklich sein, wenn sie eines Abends in der Menge der Sterne am Firmament einige Sternbilder unterscheiden können, nachdem sie ihre „Porträts“ in der Gruppe kennengelernt haben. Doch welche wählen? Zu den unvermeidlichen wie Großer Bär, Kleiner Bär, Drache, Kassiopeia und Perseus kommen einige andere hinzu, die in manchen Monaten gut sichtbar sind: der Schwan, Pegasus, Orion, der Stier, der Löwe, Herkules …

Sternbilder im Gedächtnis behalten

Beginnen Sie damit, die „Porträts“ der ausgewählten Sternbilder auf getrennten Unterlagen festzuhalten. Eine erste Serie, die aufgehängt wird, wird auf großen Bögen schwarzen oder dunkelblauen Papiers hergestellt. Die Sterne werden durch weiße Punkte dargestellt (in unterschiedlichem Durchmesser je nach ihrer Größe), mit einer weitgehend exakten Verteilung und verbunden durch feine Striche (oder kleine Punktlinien), um die Geometrie des Sternbildes zu verdeutlichen. Schreiben Sie den Namen jeweils auf ein loses Etikett. Bei Gruppenspielen lernen die Kinder, die Sternbilder wiederzuerkennen und ebenso die dazugehörigen Namen, selbst wenn Sie einige von ihnen auf den Kopf stellen (den Großen Bären zum Beispiel). So könne sie die Motive auch „verkehrt herum“ oder in der Vertikalen sehen, wie sie auch manchmal am Himmel zu beobachten sind.

Eine zweite Serie, mir der die Kinder wie mit einem Kartensatz spielen können, wird in kleinerem Format und auf Pappe geklebt hergestellt. Eine dritte Serie setzt sich aus „Diapositiven" zusammen. Sie werden aus einem Rahmen aus festem Karton mit einem viereckigen Fenster (etwa jeweils 4 cm Seitenlänge) in der Mitte gebastelt. In das Fenster schiebt man ein Stück festes schwarzes Papier, das mit Nadelstichen gelocht wird und ein Sternbild wiedergibt. Werden die „Diapositive" in einen Projektor gelegt, haben die Kinder viel Spaß damit, die „Sternbilder" deutlicher als in der Natur leuchten zu sehen! Die geometrischen Verbindungen sind diesmal nicht mehr sichtbar, was eine gute Übung vor einer Beobachtungssitzung ist. Die Kinder basteln auch Sternbilder mit Hilfe von verschiedenen Gegenständen (Jetons, Klebepunkte …) und malen sie.

Sternbilder in der Natur beobachten

Prüfen Sie vor der Sitzung vor Ort mit Hilfe Ihrer drehbaren Himmelskarte die Sichtbarkeit des eingeplanten Sternbildes unter Berücksichtigung des Datums und der Uhrzeit, aber auch der Farbe und der Klarheit des Himmels. Ist dieser nicht ganz schwarz und leicht vernebelt, werden nur Sterne der ersten und zweiten Größenordnung sichtbar sein; dem Kleinen Wagen zum Beispiel werden einige seiner Sterne fehlen … Wenn Sie den Kindern die Vorgehensweise erklärt haben, um den Polarstern zu suchen, wer-

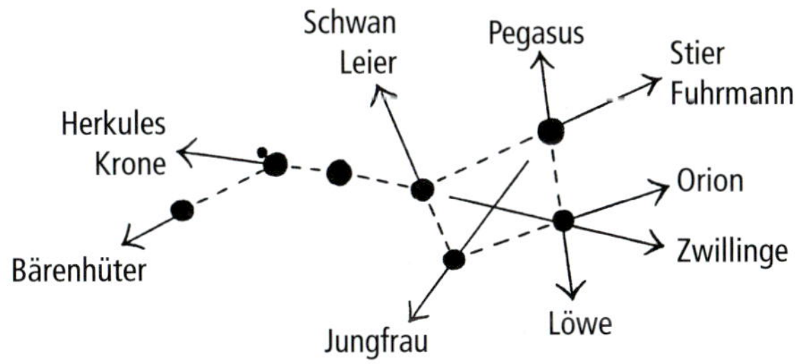

den sie ihn mit etwas Hilfe ausfindig machen. Und wie auf der Zeichnung (➛ S. 171) zu sehen ist, kann auch der Große Bär als Drehpunkt dienen, um andere Sternbilder zu finden.

Nutzen sie diese Sitzung, um die Aufmerksamkeit der Kinder auf einige Besonderheiten der Sterne zu lenken. Als erstes erfahren sie, dass die Nadel ihres Kompasses nach Norden zeigt, wenn sie dem Polarstern gegenüber stehen. Nachdem Sie in der Landschaft einen Orientierungspunkt gefunden haben, der sich genau unterhalb des Sterns befindet, fordern Sie die Kinder auf, den Abstand mit ausgestrecktem Arm durch ihre Fingerbreite zu messen. Dann sollen sie das Gleiche mit vier anderen Sternen ausprobieren, die etwas tiefer am Horizont stehen und sich in etwa in den vier Haupthimmelsrichtungen befinden. Nach fünfzehn bis zwanzig Minuten (höchstens einer Stunde) werden die Kinder feststellen, dass sich die vier Sterne in Bezug auf die Landschaft nach rechts verschoben haben, zwei von ihnen haben sogar die Höhe verändert (die Sterne, die sich in östlicher und westlicher Richtung befinden, wie man es auf der drehbaren Karte sehen kann). Der Polarstern hingegen bewahrt seine Höhe und seine Ausrichtung: „Er ist also nicht wie die anderen, denn er bewegt sich nicht!“ Erklären Sie, dass er eben aus diesem Grund den Seeleuten zur Orientierung diente.

Wer bewegt sich?

Die Beobachtungen werden bei den Kindern einige Fragen hervorrufen … Deshalb lassen Sie sie in den kommenden Tagen Sterne aus Papier ausschneiden, die Sie an die Wände des Gruppenraumes oder an die Decke hängen. Fordern Sie jedes Kind auf, so zu tun, als sei es die Erde und sich langsam um sich selbst zu drehen, wobei es seinen Blick auf einen festen Punkt fixiert: „Das ist wie ein Karussell: Man könnte meinen, die Wände drehen sich und die Sterne auch …“ Schlagen Sie den Kindern vor, noch einmal von vorne zu beginnen. Dabei sollen sie sich diesmal unter einen Stern an der Decke stellen und ihn anschauen: „Der Stern dreht sich, aber er verändert nicht seinen Platz." Man kann ganz einfach die Verbindung zu den „wahren" Sternen herstellen, die man einige Abende vorher draußen beobachtet hat. Bis auf ein Detail: „Aber warum war der Polarstern nicht über uns?" Auf diese Frage wird es bald eine Antwort geben.

Mathieu

Himmelskarten entdecken

Der „Sternenschirm"

Mit seiner Form erinnert dieser Schirm im Gegensatz zu den Himmelskarten an eine Halbkugel und ist somit der ideale Gegenstand, um das Firmament darzustellen. Der hier angesprochene Schirm (kann über verschiedene Internetseiten, die sich mit Wissenschaften beschäftigen, erworben werden) wird sich als äußerst nützlich erweisen, um den Kindern zu helfen, eine Antwort auf die vorangegangene Frage zu finden. Sollte Ihnen ein solcher Spezialschirm nicht zur Verfügung stehen, benutzen Sie einen ganz normalen, am besten schwarzen Regenschirm, den Sie mit einer Handvoll ins Innere genähte Perlen (oder Pailletten) in eine Himmelskuppel verwandeln. Sie werden einige Sternbilder darstellen, so zum Beispiel den Großen Bären in der Mitte. Aber Achtung: Der Polarstern, um den sich alle anderen Sterne während der Nacht drehen, kommt nicht vor, denn seine Position stimmt mit der äußeren Spitze des Schirmstockes überein.

Nachdem die Kinder sich damit vergnügt haben, den Schirm über ihre Köpfe zu halten und die bekannten Sternbilder zu entdecken, bemerken sie, dass der Polarstern fehlt. „Er ist wegen des Stockes versteckt!" Warum ist er gerade da? Sich an die vorangegangene Simulation erinnernd, erklärt eines der Kinder: „Wenn ich mich unter dem Schirm drehe, bewegt sich alles, außer dem Stock: Er ersetzt also den Polarstern!"

Schlagen Sie also vor, den Globus unter dem Schirm zu drehen: Kann er in seiner vertikalen Position bleiben? Nach einigen Versuchen bekommen die Kinder heraus, dass sie den Schirmstock in der Verlängerung der Achse, die durch die beiden Pole geht, platzieren müssen, das heißt, den Schirm schief stellen müssen. Beim Anblick des ganzen Aufbaus wird ein kleiner Schlaumeier bemerken: „Ah, ich habe alles verstanden! Um den Polarstern genau über meinem Kopf sehen zu können, muss ich an den Nordpol gehen!" Nach und nach leiten er und seine Freunde daraus das Gegenteil ab: Geht man in Richtung Südpol, wird der Polarstern immer mehr zum Horizont herabsinken, bis er am Ende ganz verschwindet …

Nicolas

Die „Sich drehende Himmelskarte"

Jetzt können Sie den Kindern eine drehbare Karte zeigen. Machen Sie provisorisch die Abdeckung mit dem Sichtfenster ab, damit die Scheibe ganz zu sehen ist. „Das sieht aus wie ein Sternenschirm, aber ohne Stock und ganz platt!", sagen sie zuerst, nachdem sie aber kontrolliert haben, dass die Niete in der Mitte, die das Drehen der Karte ermöglicht, wirklich den Platz des Polarsterns einnimmt. Danach hantieren sie so lange mit der Abdeckung herum, bis sie verstanden haben, wozu sie dient. Befindet sich das Fensterchen zentriert in Bezug auf den Polarstern, erhalten sie dessen Ansicht als wären sie am Nordpol (➛ S. 149); ist die Abdeckung allerdings korrekt platziert, ist das Fensterchen nicht mehr zentral und die Sicht auf den Polarstern nach Norden verschoben.

Arbeitsblatt 8

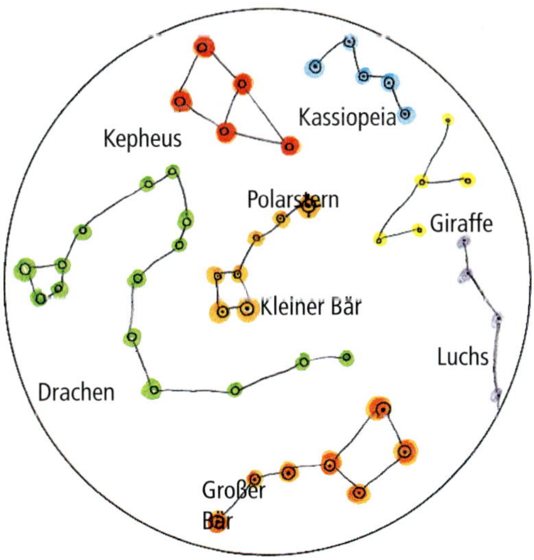

Sternbilder

Wenn die Kinder dann die Scheibe in die richtige Richtung drehen (angegeben durch einen Pfeil), finden sie das, was sie an einem der vorherigen Abende beobachten konnten: Die Sterne wandern nach rechts in Bezug auf den angenommenen Horizont, diejenigen, die sich im Westen befanden „gehen unter", während die im Osten „aufgehen". Sie bemerken auch, dass im Gegensatz zu vorher die Sterne in der Nähe des Polarsterns immer sichtbar bleiben: „Also, dann muss das am Nordpol auch so sein für alle Sterne, denn da ist der Polarstern, der genau in der Mitte des Himmels steht!" Und das prüfen sie sofort nach, indem sie noch einmal die Abdeckung verschieben.

Im Anschluss an diese Angebote beschäftigen sich die Kinder mit dem Arbeitsblatt 8 (➛ S. 207, 217), indem sie die wichtigsten zikumpolaren Sternbilder wiedergeben (➛ S. 175). Prüfen Sie am nächsten Tag ihr Erinnerungsvermögen, indem Sie die Kinder auffordern, in einen Kreis ohne jeglichen Anhaltspunkt die Sternbilder zu malen, an die sie sich noch erinnern … Sie werden von den Ergebnissen erstaunt sein: Auf den meisten Zeichnungen finden sich alle Sternbilder wieder, auch wenn einige „spiegelverkehrt" sind, Fantasieplätze einnehmen oder eine falsche Anzahl an Sternen haben.

Die „Karte der Sternbilder"

Die Astronomiebücher enthalten häufig eine „alte" Karte, die die Sternzeichen zusammen mit Gegenständen, Tieren oder Figuren aus den Sagen zeigen, deren Namen sie tragen. Aber ideal ist es natürlich, wenn Sie sich ein Poster besorgen können (➛ S. 169), auf dem die beiden himmlischen Halbkugeln dargestellt sind. Die Kinder verstehen sehr schnell, was die beiden Kreise darstellen: „Das ist wie ein zweiter Sternenschirm, der dann über dem Südpol steht!" Anschließend suchen sie alle „Himmelsfiguren" und hören voller Freude einige mythologische Sagen – an ihr Alter angepasst –, die von Perseus und Andromeda, von Orion oder Herkules erzählen und sie zu zahlreichen Zeichnungen inspirieren.

Stellen Sie sich auch darauf ein, dass die Kinder Ihnen Fragen zu den Bildern stellen, die den Tierkreiszeichen entsprechen. Um darauf zu antworten, können Sie sich durch die wenigen Zeilen, die die Darstellung auf Seite 57 begleiten, inspirieren lassen. Nutzen Sie die Gelegenheit, um ihnen zu erklären, dass diese Sternengruppen virtuell sind, genauso wie alle anderen Sternbilder auch: Zwei Sterne, die durch eine optische Wirkung scheinbar sehr nahe beieinander stehen, können in Wirklichkeit sehr weit auseinander liegen.

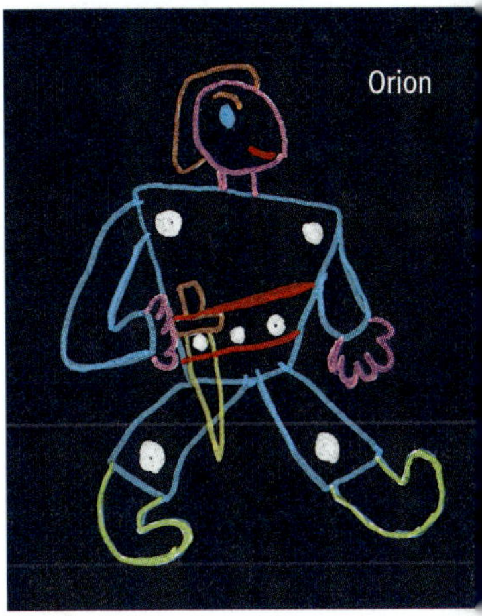

Marc

Diese optische Wirkung ausprobieren

Eine ganz einfache Simulation wird es den Kindern erlauben, die folgende Tatsache gut zu verstehen: Fordern Sie die Kinder auf, ein Auge zu schließen und dann ihre beiden Zeigefinger anzuschauen, die sie nebeneinander vor sich halten. Dann sollen die Kinder langsam einen Finger immer weiter weg bewegen, bis der Arm ganz ausgestreckt ist. „Man könnte meinen, die beiden Finger berühren sich trotzdem immer noch!" Kündigen Sie ihnen mit Hilfe einer Skizze des Großen Bären an, dass sie bei nächster Gelegenheit sehen werden, dass der Stern Mizar einen Begleiter hat, der scheinbar an ihm „klebt", in Wirklichkeit aber ganz weit entfernt ist!

Greifen Sie die Simulation wieder auf und lenken Sie die Aufmerksamkeit der Kinder auf den weiter entfernten Finger: „Er scheint kleiner zu sein!" Schlagen Sie jetzt vor, das Gleiche noch einmal zu versuchen, allerdings diesmal mit dem Ringfinger der einen und dem Daumen der anderen Hand: „Wenn der Dau-

Arbeitsblatt 9

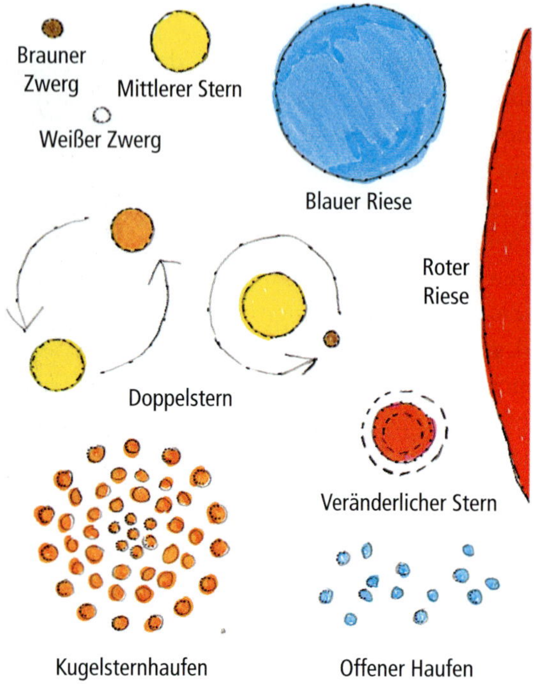

Die verschiedenen Sternarten

men am weitesten weg ist, sieht er kleiner aus! Ich kann ihn sogar mit meinem kleinen Finger verstecken!“ Die Kinder verstehen so, dass ein schwach leuchtender Stern nicht unbedingt „kleiner“ sein muss als der strahlende Nachbar … Eine Überlegung, die sie auf direktem Weg zum nächsten Thema führt.

Die Vielfalt und das „Leben" der Sterne entdecken

Sich Dokumente anschauen

Ein einziger kleiner Stern
Erhellt die Nacht
Bis ans Ende der Welt.
ISIDORE DALLA NORA

Genauso wie die Kinder sich bisher die Himmelskörper in den Dokumenten angeschaut hatten, bevor wir eine Beobachtung (soweit möglich) gemacht haben, suchen sie jetzt in den Astronomiebüchern die Seiten, auf denen die Sterne schematisch beschrieben werden: Diese geben Informationen, die Fotos in Anbetracht der Entfernung, die uns von den Sternen trennt, nicht vermitteln können.

Die verschiedenen Sternarten

Unter den verschiedenen Schemata beeindrucken diejenigen am meisten, die die Größe und Farbe der Sterne im Vergleich mit unserer Sonne wiedergeben, und fordern die Kinder zu neuen Fragen heraus: Wie können diese „kleinen strahlenden Punkte", die doch fast alle gleich aussehen, in Wirklichkeit so unterschiedlich sein? Die vorangegangene Simulation kann verstehen helfen, dass diese Unterschiede durch die sowohl außergewöhnlichen als auch unterschiedlichen Entfernungen, die uns von den Sternen trennen, „ausradiert" werden; erklären Sie ihnen auch, dass die Roten und Braunen Zwerge nur mit besonderen Apparaten gesichtet werden können.

Andere Schemata stellen Doppelsterne (die wirkliche Pärchen bilden) nach zwei Arten binärer Systeme dar, die einfach zu simulieren sind. Mit zwei fast identischen Bällen in den Händen (sie symbolisieren zwei Sterne mit fast gleicher Masse) hat jedes Kind

Spaß daran, diese umeinander kreisen zu lassen: „Das ist witzig, man könnte meinen, sie laufen hintereinander her!" Bei zwei Bällen mit unterschiedlichen Ausmaßen hingegen muss der kleinere sich um den größeren drehen. Geschieht dies auf der horizontalen Ebene und in Augenhöhe, erhält man das Phänomen der Verdunkelung: Die Kinder verstehen, warum der zentrale Stern aus diesem Blickwinkel gesehen „Verdunkelungsvariable" genannt wird. Das ist der geeignete Moment, um ihnen den Unterschied zu einer „Pulsierenden Variablen" zu erklären. Auf Fotos entdecken sie anschließend reelle Sternengruppierungen in offenen Haufen oder Kugelhaufen.

Die Kinder machen sich nun an Arbeitsblatt 9 (➛ S. 207, 218) und erleben eine Synthese dieser wirklich spannenden Entdeckung.

Das Alter der Sterne

Fordern Sie die Kinder auf, Nachforschungen zu machen, um in Erfahrung zu bringen, was es mit den Farben der Sterne auf sich hat. Zu entdecken, dass die Farbe mit der Oberflächentemperatur und sogar dem Alter in Verbindung steht, wird sie auf jeden Fall erstaunen: Die Sterne können jung oder alt sein, was bedeutet, dass sie irgendwann „geboren" wurden und in einer näheren oder ferneren Zukunft „erlöschen" werden … Beruhigen Sie die Kinder, was die Sonne betrifft. Legen Sie ihr Alter erst einmal mit Hilfe eines Geburtstagskuchens fest: Hätte dieser Kuchen fünf Milliarden Kerzen, die alle in einem Abstand von fünf Zentimetern aufgestellt würden, würde er zwei Mal um die Erde reichen! Sagen Sie den Kindern anschließend, dass die Sonne noch Zeit hat, die Anzahl dieser Kerzen sich verdoppeln zu sehen, bevor sie nach und nach „erlischt“: Sie brauchen sich also keine Sorgen zu machen!

Das „Leben“ der Sterne

Arbeitsblatt 10

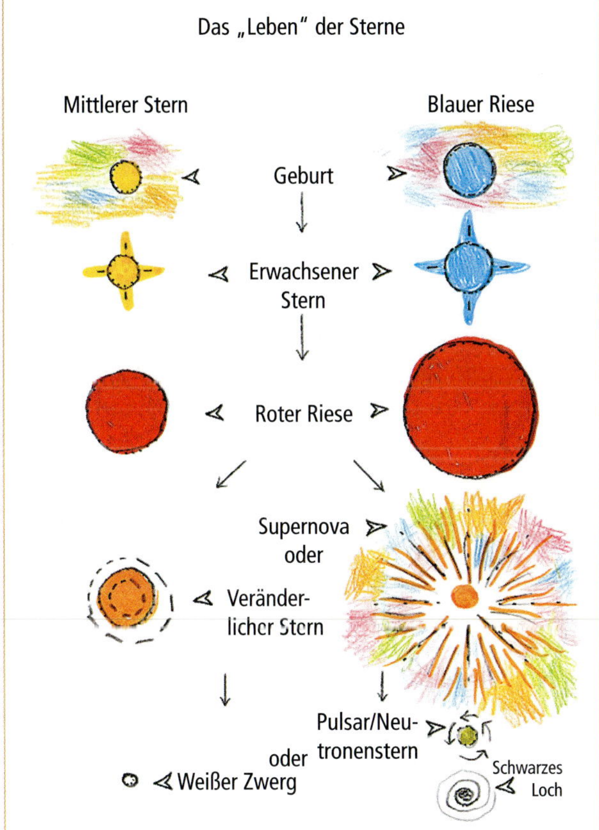

Die Diagramme, die dieses „Leben“ in den Büchern zeigen, sind ebenfalls sehr nützlich: Ideal wäre es, ein Bild zu finden, das parallel den Ablauf des „Lebens“ eines mittleren Sterns wie unserer Sonne und das eines Blauen Riesen zeigt, es zu vergrößern und dann zu sehen, wie die Kinder die Bilder interpretieren werden. Normalerweise sind sie durch einige Abbildungen besonders angezogen, wie der einer Supernova, und sie werden spontan nicht der Reihe nach vorgehen. Gehen Sie deshalb mit ihnen zusammen noch einmal den Aufbau des Diagramms durch und geben Sie zusätzliche Erklärungen und die notwendigen Informationen.

Die Geschichte der „Geburt" einer Sternen-Geschwisterschar in der Mitte eines Nebels begeistert die Kinder immer wieder: Nutzen Sie dies aus und zeigen Sie ihnen wunderschöne Fotos, auf denen sie interstellare Wolken bewundern können, von denen es in allen Astronomiebüchern zur Genüge gibt. Helfen Sie ihnen anschließend, die Wechselbeziehung herzustellen zwischen den Nebeln, die schon Sternenwiegen sind und denen – z.B. in Form von „Rauchkringeln" –, die aus der ausgestoßenen Materie der Sterne am Ende ihres „Lebens" stammen: Erklären Sie ihnen, dass letztere auch eines Tages dazu beitragen, dass neue Sterne „geboren" werden, da ihre Materie das interstellare Milieu bereichert hat.

Zum Abschluss beschäftigen sich die Kinder mit dem Arbeitsblatt 10 (➛ S. 207, 219).

Eine neue Beobachtungssitzung

Diese Sitzung beschäftigt sich mit den Besonderheiten der Sterne (➛ S. 151 ff.). Sie berücksichtigt die an einem bestimmten Datum und einer bestimmten Uhrzeit der Beobachtung sichtbaren Sternzeichen, aber auch die Farbe und Klarheit des Himmels. Selbst wenn der Himmel es den Kindern nicht erlaubt zum Beispiel die Farbe von Rigel und Beteigeuze in Orion zu unterscheiden, werden sie dennoch begeistert sein zu wissen, dass sie mit ihrem Fernglas einen Blauen Riesen anschauen, der vor jugendlicher Aktivität aus allen Nähten platzt, und einen alternden Roten Riesen, der bereit ist, eine Supernova zu werden! Das Gleiche gilt für besondere Sterne wie dem Verdunkelungsvariablen Algol im Perseus oder das berühmte falsche Pärchen Mizar und Alcor im Großen Bären, die auch Gegenstand einer Simulation sein könnten(➛ S. 178, 180).

Und sollten die Kinder darüber enttäuscht sein, dass sie im Großen Orionnebel nicht die prächtigen Farben entdecken, die sie auf den Fotos gesehen haben (wie dies auch schon für die Planeten der Fall gewesen ist), erklären Sie ihnen, dass genau in dem Moment, in dem sie zuschauen, „Sternenbabys" geboren werden. Zeigen Sie ihnen dann die Geschwisterschar der Plejaden und schlagen Sie vor, gemeinsam die sichtbaren Sterne dieses Haufens zu zählen und mit denen zu vergleichen, die man auf einem Foto sehen kann, das mit einem Teleskop aufgenommen wurde.

Der Große Bär

Der Große Bär, der Sie sind,
sieben Nägel haben dennoch gereicht,
Um Ihr Bild, von Kopf bis Fuß,
an der Wand der Nacht zu befestigen,
von wo Sie sich kaum mehr bewegen
als ein Wagen mit wurmstichigen Rädern.

MAURICE CARÊME
Almanach du ciel

Mit den Sternen spielen

Eine fiktive Himmelskarte zeichnen

Dieses grafische Spiel bereitet auch auf das nächste vor, das dann mehr etwas für die Fantasie ist. Fordern Sie die Kinder auf, sorgfältig ein Bild mit mehreren Sternbildern zu zeichnen. Dabei werden drei Arten von Sternbildern herauskommen: offene (wie Kassiopeia), geschlossene (wie Kepheus) oder gemischte (wie der Große Bär).

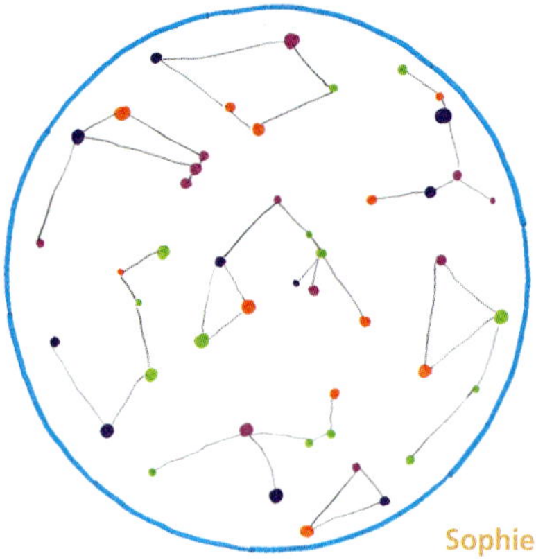

Sophie

Auf einen Papierkreis malen die Kinder als erstes mit bunten Filzstiften und eher zufällig Punkte in verschiedenen Größen, die sie anschließend mit einem Bleistift verbinden, um Sternbilder zu erhalten, die den drei gewünschten Arten entsprechen. Obwohl diese Übung sehr einfach ist, erfordert sie dennoch Aufmerksamkeit und Sorgfalt: So müssen die Striche zwischen den Sternen so gerade wie möglich sein, sie dürfen sich nicht kreuzen, nicht im Nichts enden und nicht zu kompliziert sein oder zu viele Tentakel haben.

„Himmelsfiguren“ erfinden

Däumling, kleiner Träumer,
auf meinem Weg habe ich
Reime heruntergebetet. Meine Herberge
war auf dem Großen Bären.
Meine Sterne am Himmel hatten
ein leises Rascheln.

ARTHUR RIMBAUD

Für dieses zweite Spiel malen die Kinder wieder Punkte wie vorher, diesmal aber auf ein rechteckiges Blatt und mit einem Filzstift in nur einer Farbe. Sie verbinden dann diese Punkte mit dem Bleistift, um die unterschiedlichsten Sternbilder entstehen zu lassen. Kopieren Sie einige der einfachsten Skizzen und hängen Sie sie an die Tafel.

Gemeinsam forschen

Fragen Sie, an welches Tier oder welche Person man bei den kopierten Skizzen denken muss. Wenn ein Kind eine Idee hat, kann es das Bild mit einem Filzstift in einer kräftigen Farbe malen, wobei es die Skizze des Sternbilds ziemlich exakt mit einbeziehen muss. Es kann vorkommen, dass die gleiche Skizze verschiedene Bilder anregt, vor allem, wenn man das Blatt mit der Skizze dreht, damit sie in verschiedenen Formen erscheint.

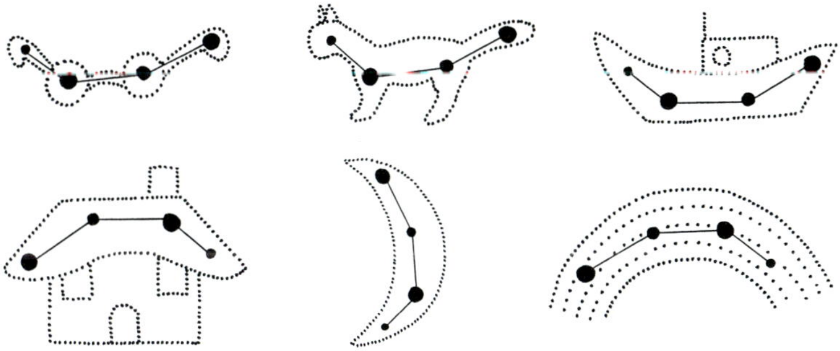

Alleine forschen

Wurden erst einmal eine Reihe guter Ideen an der Tafel festgehalten, kann jedes Kind am Tisch seine eigenen Forschungen anstellen. Einigen wird dieses Angebot sehr leicht fallen, für andere hingegen ist es schwierig, sich „Himmelsfiguren“ ausgehend von ihren Skizzen vorzustellen. Sollte das daran liegen, dass ihre Skizzen zu kompliziert sind, bieten Sie ihnen an, auf einem neuen Blatt einfachere Entwürfe von Sternbildern zu machen. Die Zeichnungen zeigen eine Auswahl der häufigsten und originellsten Entwürfe.

Maxi-Dias für eine Projektor-Kiste

Schlagen Sie im Anschluss ein Gruppenspiel mit „Maxi-Dias“ aus interessanten „Himmelsfiguren“ vor. Jede Figur wird auf ein viereckiges Blatt schwarzen Papiers übertragen (8 x 10 cm Seitenlänge): Zuerst werden die Blätter aufeinander gelegt, um die Sternenpunkte zu prickeln; dann werden diese mit einem wasserlöslichen Filzstift verbunden und das gesamte Motiv wird rundherum gemalt. Zum Abschluss wird das Blatt am Rand durch einen Papprahmen stabilisiert.

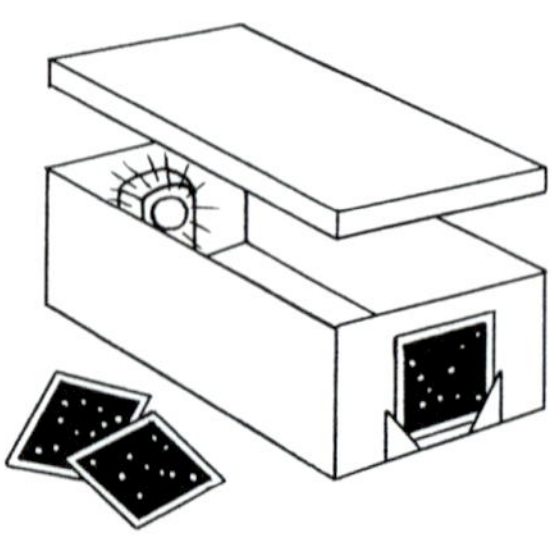

Die „Projektor-Kiste" wird aus einem Schuhkarton gebastelt. An einer Kopfseite wird ein Fenster ausgeschnitten, dann wird im Inneren eine elektrische Lampe installiert (➛ S. 186). Wenn die Kinder ihre „Maxi-Dias" vor das Fenster halten, werden sie ihre „Himmelsfiguren" mit aller Kraft leuchten sehen! Einige von ihnen werden die Idee haben, die Dias mit der Rückseite zu zeigen – die Zeichnung ist so nicht sichtbar –, um eine Ratespiel daraus zu machen. Andere werden sie von vorne zeigen wollen, um die Geschichte, die ihnen zu ihrer Zeichnung einfällt, zu erzählen – vor allem, wenn es sich um Monster oder tapfere Ritter handelt. Und warum nicht die Kinder auffordern, ihre Sternzeichen und auch die Sterne, aus denen sie bestehen, zu taufen? Und wenn den Kindern nichts dazu einfällt, können sie immer noch die älteren Kameraden fragen …

Sternenfotos reproduzieren

Einer nach dem anderen
Erleuchten die Sterne,
einer nach dem anderen,
leicht wie eine Feder …
Dominique Legrain

Die beiden folgenden Angebote werden von Fotos inspiriert, die den Kindern in den Astronomiebüchern ganz besonders gefallen.

Sterne, die durch ein Prisma fotografiert wurden

Die Kinder werden immer durch die Fotos, die Sternenspektren darstellen, angezogen – und beeinflusst. Besorgen Sie sich ein Prisma aus einem Fernglas und zeigen Sie ihnen, dass auch das Sonnenlicht, wenn man es hindurchfallen lässt, einen Lichtfleck macht, der die Farben des Regenbogens hat. Ist dies nicht möglich, reicht auch ein einfaches Glas Wasser (oder ein Aquarium), das man in die Sonne stellt, wenn sie nicht zu hoch am Himmel steht. Da die Kinder wissen, dass die Sonne ein Stern ist, stellen sie mit Leichtigkeit die Beziehung zwischen dem erhaltenen Spektrum und dem Foto des Sternenspektrums her.

Schlagen Sie den Kindern vor, dieses Spektrum mit weißen, bunt angemalten und dann auf schwarzes Papier geklebten Papierstreifen zu kopieren. Nachdem sie festgestellt haben, dass Blau und Violett „ausgewalzter" sind als Rot und dass ein ausgedehntes Gelb manchmal ganz fehlt, werden sie alle ihre Papierstreifen in Violett, Dunkelblau, Hellblau, Grün, Gelb, Orange und Rot anmalen und dann auf dem Unterlagenpapier verstreut, aber parallel verteilen. (In: Astronomie – ein Kinderspiel. Sonne, Erde, Mond, werden einige schöne Angebote zur Zerlegung des Lichtes vorgestellt.)

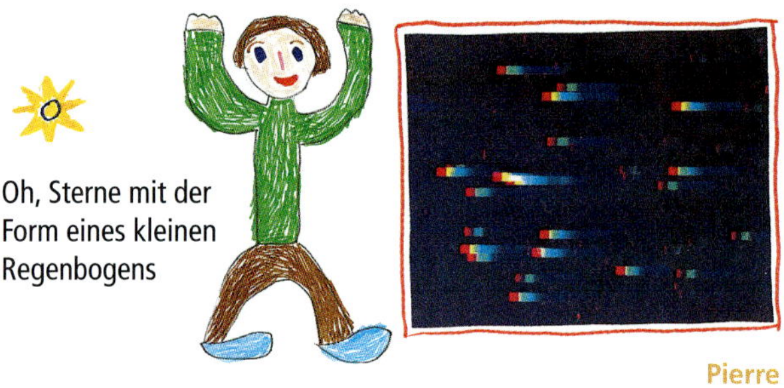

Pierre

Ein von den Sternen angestrahlter Nebel

Die dekorative Wirkung der Bilder ist mit wenig Aufwand und einer schnellen Umsetzung garantiert! Auch diesmal ist das Unterlagenpapier schwarz, wird jedoch vorher angefeuchtet. Versuchen Sie eine Papierqualität zu finden, die sich weder während der Arbeit noch nach dem Trocknen wellt (normalerweise reicht einfaches Plakatpapier). Für den Nebel selbst wählen Sie am besten wasserlösliche flüssige oder feste Farben: Mischen Sie die gewählten Farben mit Weiß und verdünnen Sie sie gut. Die Kinder tragen den Nebel mit großen weichen Pinseln auf das feuchte Papier auf.

Für jeden Stern verteilen sie anschließend einen Tropfen reines Weiß, das am Rand etwas verläuft und so das Strahlen des Himmelskörpers imitiert. Ist das Bild vollkommen trocken, wird mit einem weißen Punkt mit einem wasserlöslichen Filzstift das Weiß der Sterne noch etwas hervorgehoben (➛ S. 190).

Fantasiesterne erfinden

'Wenn Du eine Blume liebst,
die auf einem Stern ist,
ist es angenehm bei Nacht,
den Himmel anzuschauen.
Alle Sterne des Himmels blühen!
Antoine De Saint-exupéry

Lassen wir alle Bezüge zu den reellen Sternen jetzt bei Seite und kümmern wir uns um den Bereich der reinen Fantasie. Die Sternenform, strahlend per Definition, eignet sich besonders für alles Dekorative. Alle Möglichkeiten aufzuzählen wäre müßig! Unter allen Verfahren sind die beiden folgenden einfach umzusetzen und werden von den Kindern sehr geliebt.

Schmucksterne

Sein Selbstporträt malen und sich selbst als Stern sehen ist ein von allen bejubeltes und unerschöpfliches Thema.

Die Kinder werden garantiert vorschlagen, alle „Sternenporträts" in einem großen Operetten-Sternbild zusammenzufassen (sie werden verlangen, dass Sie selbstverständlich auch dabei sind!). Mit einem anderen Verfahren in schwarz und weiß, aber detailliert ausgearbeitet, wird der gute alte Bleistift aufgewertet: Die

Gilles

Lydia

Kinder finden Gefallen daran, Einzelteile, Ringe, Spitzen, Spiralen, Wirbel usw. strahlen zu lassen und ihre Grafiken so reich wie möglich zu gestalten,

Rein geometrische Sterne können schnell durch Falten und Ausschneiden von dünnem Papier hergestellt werden. Zuerst üben die Kinder diese Technik so lange sie wollen mit Zeitungspapier. Sie falten ihr Quadrat in vier, dann in acht Teile, was ein Dreieck mit acht Schichten ergibt; am Rand werden einfach nur Zähn-

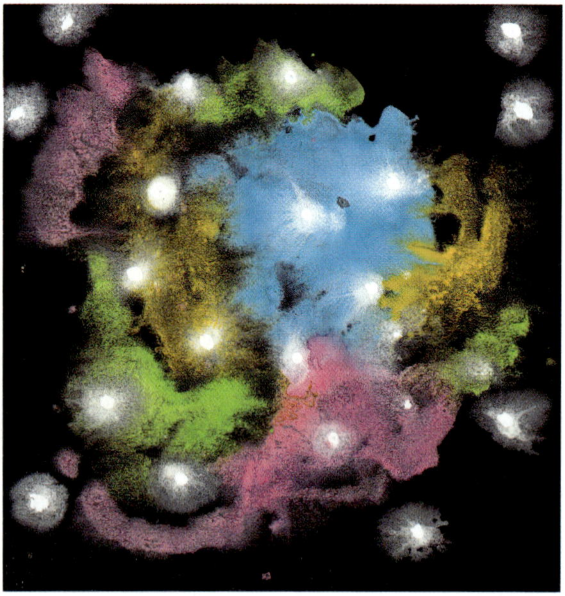

chen ausgeschnitten, mehr oder weniger tief, je nachdem, welche Silhouette gewünscht wird: Der Stern wird sich dann aus zwei Sternen mit vier Flügeln zusammensetzen, die im Winkel von 45 Grad zueinander stehen. Auseinandergefaltet kann er als Schablone für andere Sterne dienen.

Bild mit Sternplaketten

Zum Abschluss ein von den Kindern bevorzugtes Angebot, das nicht nur ihre Vorstellungskraft anregt, sondern auch ihre Geschicklichkeit – und die Ergebnisse sind immer schmeichelhaft. Mit einem feinen schwarzen Filzstift entwerfen die Kinder zuerst die Modelle der Plaketten. Die Gelungensten werden ausgeschnitten und auf ein halbes DIN A4-Blatt geklebt, das man dann mehrfach kopiert (in Originalgröße, vergrößert oder verkleinert, sodass die Plaketten in Bilder in verschiedenen Formaten eingearbeitet werden können).

Je nach Thema, das jedes Kind sich ausgesucht hat, schneidet es die Stern-Plakette aus, die es benötigt, wobei es sich für ein einziges Modell entscheidet: Die Sterne sollen eine Formeinheit haben. Anschließend werden sie auch einheitlich angemalt. Das Thema, das die Plaketten umgeben soll, wird erst mit Bleistift entworfen und dann mit einem dunkelblauen Filzstift nachgezeichnet. Es wird nicht bunt angemalt, was die Sterne wiederum hervorhebt: Sie leuchten in lebendigen Farben.

Marie

Das Universum entdecken und mit ihm spielen

Welche Harmonie ist das,
deren Rhythmus
die Welt wiegt?
RABINDRANATH TAGORE

Die Galaxien entdecken

Gemeinsam Bilanz ziehen

Im Anschluss an die letzte Beobachtungssitzung (➛ S. 182) haben die Kinder Nachforschungen über die Andromeda-Galaxie und die Milchstraße angestellt: „Die Milchstraße ist auch eine Galaxie! Und wir sind drin, wir mit der Sonne!" „Ja, stimmt! Deshalb können wir ihren großen Sternenwirbel nicht sehen!" „Und wie kann man dann wissen, dass man in einer Galaxie ist, wenn man sie nicht ganz sehen kann?" Eine unumgängliche Frage, auf die Sie mit folgendem Vergleich antworten können: „Wenn wir in einem Haus sind, können wir es nicht von außen, das heißt als Ganzes sehen. Aber durch seine Fenster sehen wir andere Häuser. Stellen wir uns vor, wir wären aus unserem nie hinausgegangen: Wir wüssten also nicht, wie es aussieht! Nur durch die Häuser, die wir draußen sehen können, verstehen wir, dass wir in einem Gebäude sind, das diesen ähneln muss. Mit der Galaxie ist das ähnlich: Ihre Fenster sind der Weltraum um die Sterne herum. Durch ihn sehen die Astronomen zahlreiche Galaxien, die sie so untersuchen und mit dem vergleichen können, was sie von unserer Milchstraße beobachten."

Nachdem der Inventur der zusammengetragenen Dokumente versuchen die Kinder repräsentative Beispiele von Galaxien zusammenzustellen. Helfen Sie ihnen bei dieser Aufgabe, indem Sie sich gemeinsam die aussortierten Fotos anschauen: Einige Galaxien haben ein sehr unterschiedliches und manchmal unerwartetes Erscheinungsbild.

Mit den Büchern arbeiten

Bei der Untersuchung der Fotos von Spiralgalaxien bemerken die Kinder, dass diese sich nicht immer aus dem gleichen Winkel zeigen: „Manche sieht man gut von vorne und andere sehen flach aus.“ Indem die Kinder mit zwei Papptellern, die am Rand aufeinandergeklebt wurden, hantieren, stellen sie fest, dass man sie von vorne, von der Seite aber auch als Dreiviertel sehen kann. Nutzen Sie die Gelegenheit, um noch etwas weiter zu gehen. Nachdem Sie vier „Spiralarme“ auf eines der Modelle gemalt und annäherungsweise die Position unserer Sonne markiert haben, zerschneiden Sie die beiden Teller auf der Höhe der Sonne, damit die Kinder verstehen, was es bedeutet, „die Galaxie im Aufschnitt zu sehen“.

Erklären Sie ihnen anschließend einige Besonderheiten, auf die sie aufmerksam geworden sind: den zentrale Kern, den sie anfangs für „eine enorme Lichtkugel“ gehalten haben, der jedoch aus Myriaden von sehr alten Sternen besteht, die in ihrem eigenen Licht ertrinken; die Spiralarme, auf denen, außer dem Kranz an ganz jungen blauen Sternen, das Auge keine anderen Sterne unterschieden kann; die Dunkelwolken, die die Galaxien, die man im Profil sieht, von einer Seite auf die andere durchqueren, oder an die Spiralarme derer stoßen, die man Dreiviertel sieht, und die die Anwesenheit von Gas- und Staubwolken beweisen, in denen die Sterne geboren werden. Zeigen Sie hier das Foto einer elliptischen Galaxie: Es gibt keine Dunkelwolken mehr, alle interstellare Materie hat sich bereits in Sterne verwandelt (was das fortgeschrittene Alter der Galaxien dieser Art zeigt).

Arbeitsblatt 11

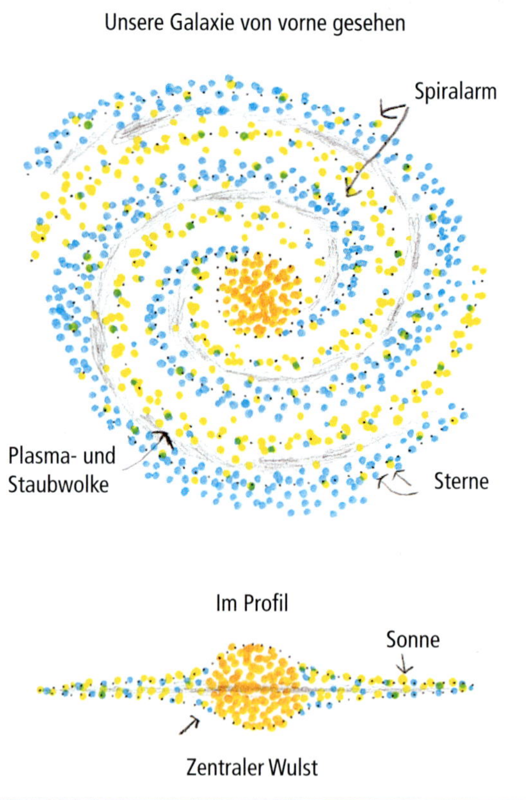

Mit den Kopien einer bestimmten Anzahl an Dokumenten können die Kinder Zuordnungen machen: Spiralgalaxien, unterteilt je nach Blickwinkel oder dem Erscheinungsbild der Spiralarme, elliptische Galaxien, unregelmäßige Galaxien, aber auch verschmelzende Galaxien. Zum Abschluss machen Sie sich an das Arbeitsblatt 11 (➛ S. 208, 220), das sich auf die Milchstraße von vorne und von der Seite her gesehen bezieht.

Einige der Fotos, die mit immer besseren Teleskopen gemacht werden, zeigen den Kindern unter anderem, dass die Galaxien Haufen bilden: Mit Hilfe einer Skizze an der Tafel können Sie ihnen erklären, dass die Milchstraße und die Andromeda-Galaxie zum gleichen Haufen gehören, der wiederum zu einem Überhaufen gehört … Da kann ihnen schwindlig werden vor einer solch grenzenlosen Unermesslichkeit!

Die Geschichte des Universums entdecken

Aufgeschobene Fragen

Seitdem Sie begonnen haben, die Kinder in die Astronomie einzuführen, werden Ihnen bestimmte Fragen gestellt worden sein, deren Beantwortung Sie verschoben haben, da sie auf die Geschichte des Universums bezogen waren: „Woher kommen die Planeten? Warum drehen sie sich? Hören sie eines Tages damit auf? Woher kommen die Gaswolken, aus denen die Sterne geboren werden? Was wird aus der Milchstraße, wenn alle Sterne aufhören zu strahlen?“ Indem die Kinder diese Fragen stellen, beweisen sie, dass sie intuitiv verstanden haben, dass jeder Himmelskörper eine Vergangenheit, eine Gegenwart und eine Zukunft hat: Deshalb erscheint es ihnen ganz normal, dass das Universum, das sie umgibt, auch eine Geschichte hat …

Wie man am besten die Antworten findet

Schauen Sie sich in Astronomiebüchern aus der Jugendliteratur an, wie diese die Geschichte des Universums darstellen und versuchen Sie, dieses Wissen an das Alter der Kinder anzupassen. In einigen Werken finden Sie Illustrationen der Hauptabschnitte dieser Geschichte – seit dem Big Bang bis zur heutigen Zeit. Doch wenn sie am Anfang auf Kreide und Tafel zurückgreifen, können Sie sich dem Thema lockerer und mit einer größeren Einfachheit der Schemata nähern.

Die Kinder werden sich vor allem für die Entstehung des Sonnensystems und der Erde begeistern. Wenn sie erfahren, dass die Wolke, aus der unsere Galaxie entstand, sich ebenso wie die, aus der anschließend die Sonne und die Planten entstanden, bereits drehte, dann werden sie verstehen, warum „Alles im Universum sich dreht". Wird diese Rotation irgendwann von alleine aufhören? Indem die Kinder sich damit vergnügen, Murmeln rollen und Kreisel drehen zu lassen – auf mehr oder weniger glatten Oberflächen – werden sie daraus ableiten, dass das Weltall – noch „glatter", da „leer" – keine Wirkung auf die Bewegung der Himmelskörper hat …

Man kann nicht von der Geschichte des Universums sprechen, ohne den Aspekt der unendlichen Größe anzusprechen, so wie man zuvor dem unendlich Kleinen begegnet ist. Haben Sie bei diesem letzten Punkt keine Angst: Auch hier wird die Intuition ihre Rolle spielen, selbst wenn sie den Kindern nicht über ihr Verständnis hinaus weiterhilft. Ich erinnere mich an ein Kind, das gewissenhaft ein kleines Stück Kreide mit einem großen Stein zermalmte: „Wenn ich sie ganz zerschlagen habe und sie nicht mehr weiter zerschlagen kann, dann ist ganz kleiner Staub daraus geworden wie der im Weltall nach dem Big Bang."

Warum sollten Sie nicht versuchen, all diesen Kleinen bewusst zu machen, dass wir alle durch unsere kosmische Geburtenfolge „Kinder" des gleichen Sterns sind, den sie abends vor dem Schlafengehen bewundern?

Noch Fragen?

Die Geschichte des Universums und seiner unzähligen Galaxien, die selbst aus Milliarden von Sternen bestehen, die Tatsache, dass man regelmäßig außersolare Planeten entdeckt, Science-Fiction-Geschichten in Büchern und auf dem Bildschirmen – all das wird bei den Kindern Fragen nach der Möglichkeit eines außerirdischen Lebens hervorrufen. Doch wenn sie wissen, dass alle bis heute entdeckten Planeten Gasriesen sind und mit Ihnen zusammen noch einmal die wesentlichen Voraussetzung durchgegangen sind, die einen Planeten bewohnbar machen, dann werden sie zugeben, dass es genauso wenig Chancen gibt „kleine grüne Männchen“ auf einem dieser Planeten zu finden wie in unserem Sonnensystem …

Stellen Sie sich darauf ein, soweit nicht bereits geschehen, dass die Kinder metaphysische und religiöse Themen ansprechen werden, entweder untereinander oder indem sie sich direkt an Sie wenden.

Melanie

Sie werden feststellen: Je jünger die Kinder sind, umso weniger zeigen sie sich gehemmt, ihre Fragen zu stellen oder Sie als Zeugin bei ihren Diskussionen dabei zu haben. Die Erzieherin ist in ihren Augen jemand, dem man folgt. Deshalb ist es wichtig, dass Sie darauf achten, was Sie sagen, denn ihr Standpunkt könnte von einigen als störend empfunden werden oder die Kinder in ihrer Sensibilität verletzen. Am besten lässt man ihnen die Möglichkeit, ihre Standpunkte zu den einzelnen Fragen auszutauschen, indem man sie auffordert zu akzeptieren, dass andere auch eine andere Meinung haben können: Zeigen Sie ihnen, dass jeder

Recht haben kann, denn in diesem Bereich gibt es keine Beweise! Das ist eine gute Gelegenheit für jeden, einen Sinn für gegenseitigen Respekt und Toleranz zu entwickeln.

Am Ufer der endlosen Welten
Versammeln sich die Kinder.
Das grenzenlose Blau steht unbeweglich
über ihnen; zu ihren Füßen
ertönen die ruhelosen Fluten.
Am Ufer der endlosen Welten
versammeln sich die Kinder,
mit Tänzen und Geschrei.

Rabindranath Tagore
L'Offrande lyrique

Mit dem Universum spielen

Fotos von der Milchstraße herstellen

Die Kinder versuchen, die Milchstraße, die mit einem Teleskop fotografiert wurde, nachzumalen: Sie erproben, die Kontraste zwischen den strahlenden Bereichen, wo Myriaden von näher bei uns stehenden Sternen die überlagern, die sich in einem milchigen Hintergrund verlieren, und den dunklen Zonen, die die Anwesenheit von Staubwolken vermuten lassen und vor denen die Sterne leuchten, hervorzuheben.

Zwei Techniken sind möglich. Die Kinder können auf angefeuchtetes schwarzes Papier mit ziemlich verdünnter weißer Farbe die Spur des „Bogens" auftragen, indem sie dunkle Bereiche bewahren. Nach dem Trocknen können sie in mehr oder weniger dichtem Weiß mit der Pointillismus-Technik (eine Maltechnik des Impressionismus: Eine Fläche wird nicht flächendeckend mit Farbe ausgefüllt, sonder durch mehr oder weniger dicht zusammen liegende Pünktchen gestaltet; Anm. d. Ü.) mit der Spitze eines feinen Pinsels fortfahren. Sie können sich auch dabei einer weißen Kreide und eines wasserlöslichen Filzstiftes ebenfalls auf schwarzem Papier bedienen.

Galaxien erfinden

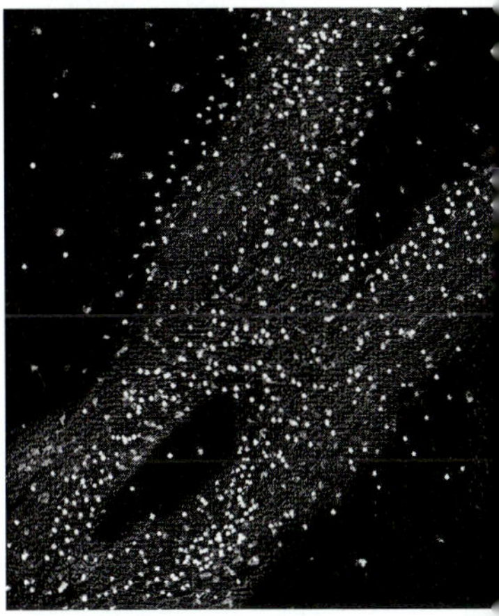

Wie zu erwarten, sind die Spiralgalaxien aus seitlicher Sicht die Hauptinspirationsquellen. Doch da die Kinder jetzt keine Anleitung mehr haben wie auf dem Arbeitsblatt 11, werden sie einige Probleme bei der Aufrollung der Spiralarme haben, was sie aber bestens zu lösen versuchen.

Nach mehreren Versuchen werden einige verstanden haben, dass man mit den Armen am besten von beiden Seiten des zentralen Kerns ausgehend beginnt, um sie dann abwechselnd wachsen zu lassen. Damit vermeidet man, dass die Galaxie wie ein „Schneckenhaus“ aussieht. Schlagen Sie den Kindern auch vor, die Krümmung der Arme mit dem Bleistift zu skizzie-

Mama Galaxie
und ihr Baby

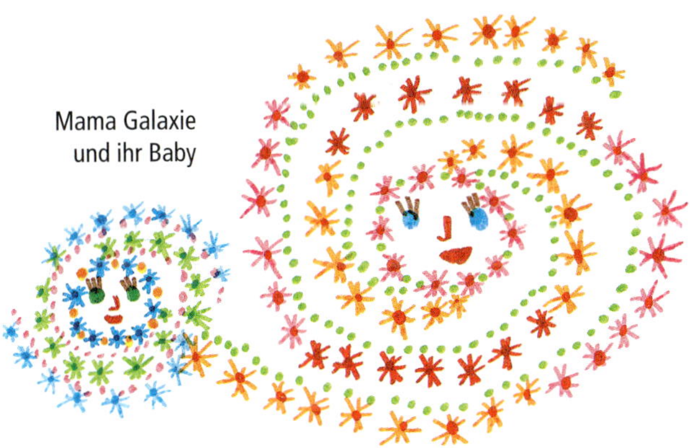

Anna

ren, bevor sie ihre Sterne hineinmalen. Die Bleistiftstriche können sie wieder ausradieren, wenn das Bild fertig ist.

Genauso wie die Kinder es bei ihren Kometen- und Sternen-„Porträts" gemacht haben, werden sie ebenso viel Spaß dabei haben, ihre Galaxien zu personifizieren. Der Kern wird dabei ein menschliches Aussehen bekommen (➛ S. 193) – hier durch die Jagdhund-Galaxie inspiriert.

Formen außerirdischen Lebens erfinden

Um zum Schluss mit Fantasie und guter Laune aufzuhören, schlagen Sie den Kindern vor, sich Lebensformen vorzustellen, wie man sie auf Planeten finden könnte, die um Sterne kreisen, die weit von unserer Galaxie entfernt sind …

Magali

Die Kinder werden von Anfang an begeistert sein und sehr schaffensfreudig. Doch werden sie am Anfang Schwierigkeiten haben, sich von traditionellen Strukturen und Formen zu lösen. Sie werden sich damit begnügen, Pflanzen, Tieren und Mensch etwas Dekoratives hinzuzufügen und die üblichen Farben zu verändern. Dann, nach und nach, werden Sie Zeichnungen sehen, in denen immer originellere und gewagtere Formen auftauchen – mit sehr unterschiedlichen Stilen, je nachdem, ob ihr Erfinder ein Mädchen oder ein Junge ist …

Eva

Bei den Mädchen tauchen Fantasielandschaften voller Poesie und Zartheit auf, bewohnt von grazilen und friedlichen Wesen. Bei den Jungen zeigen sich immer skurrilere Wesen, dann rachelüsterne Monster, inspiriert durch Figuren aus Comics oder Fantasiefilmen. Die Zeichnungen (➛ S. 200, 201)

Julien

zeigen nur eine kleine Auswahl! Dieses Angebot gibt den Kinder viele Möglichkeiten, sich zu unterhalten: Sie beginnen damit, ihre Produktionen zu beschreiben und zu kommentieren, dann werden sie Szenarien erfinden, um ihre Helden aufzuwerten. Eine Geschichte könnte also auch gemeinsam entwickelt werden. Sie wird in einem großen Buch für die Gruppe erzählt und illustriert, oder mit Figuren gespielt, die ausgeschnitten und auf Pappe geklebt werden. Am Ende der Geschichte steht selbstverständlich ein Happy End; Recht und Courage der Helden siegen über die Schlechtigkeit ihrer Gegner!

Grégoire

Es besteht kein Zweifel, dass die Kinde die Gelegenheit nutzen werden, um Weltraumraketen der Zukunft zu erfinden: Ihre Raumschiffe, gewagt ausgestattet, sind entworfen, damit ihre Helden die großen intergalaktischen Räume durchqueren können ...

Auf meiner Rückreise,
zu den Sternen und
diesem Planeten schauend,
von dem ich kam (...),
habe ich plötzlich gespürt,
dass das Universum Intelligenz,
Harmonie und Liebe ist.
EDGAR MITCHELL, ASTRONAUT

Anhang

Arbeitsblätter

Die Arbeitsblätter bestehen aus zwölf Kopiervorlagen. Sie können diese Vorlagen dem Alter und den Fähigkeiten der Kinder leicht anpassen, indem Sie entweder Elemente (Streckenvorgaben, Wörter) hinzufügen, um ihnen die Aufgabe zu vereinfachen, oder indem Sie manche mit Deckweiß verdecken, um die Aufgabe schwieriger zu gestalten. Vergrößern Sie die Vorlagen auf das Format DIN A4 für jüngere Kinder oder behalten Sie das vorliegende Format bei. Zu jedem Arbeitsblatt können Sie ein zusätzliches Exemplar in sehr großem Format vorbereiten, das im Rahmen einer einleitenden Arbeitssitzung von allen gemeinsam ausgefüllt wird. Mit diesem Gemeinschaftsangebot haben Sie die Möglichkeit, die Arbeitsabläufe zum Ausfüllen des Arbeitsblattes mit allen Kindern zu besprechen und auch eine Rückmeldung über ihr Wissen zu bekommen.

Hier eine kleine Kopieranleitung: Vergrößern Sie die Vorlage zuerst in das Format DIN A4 und dann in DIN A3. Falten Sie diese Kopie in der Hälfte und kopieren Sie jede Hälfte noch einmal in die Vergrößerung DIN A3. Fügen Sie die beiden Hälften zusammen, und Sie erhalten ein Poster in Größe DIN A2. Um ein noch größeres Format zu erhalten, müssen Sie den gleichen Vorgang noch einmal wiederholen und anschließend die vier Teile zusammenfügen. So erhalten Sie ein Poster im Format DIN A1 mit den Maßen 85x60 Zentimeter.

Um die Angebote zu organisieren, sollten diese sich in Ihre übliche Arbeitsweise und Ihren Rhythmus integrieren. Ich, für meinen Teil, habe es vorgezogen – nachdem ich sowohl die Arbeit in der Gesamtgruppe als auch in der Kleingruppe ausprobiert habe –, die Kinder alle gemeinsam teilnehmen zu lassen. Denn in diesen Momenten entwickeln sich Ruhe und eine Zuhörbereitschaft, die es den Kindern erlauben, die notwendige Aufmerksamkeit und Konzentration zur guten Erledigung ihrer Aufgabe zu haben. Doch dehnen Sie diese Aufgabe nicht zu lange aus, vor allem wenn die Kinder noch jünger sind oder wenig Übung in diesem Bereich haben: In einem solchen Fall sollten Sie mehrere Sitzungen zum Ausfüllen eines Arbeitsblattes einplanen.

Arbeitsblatt 1: Die Familie der Planeten (➛ S. 53)

Zuerst werden die Umrisse der Sonne und der Planeten mit dem Bleistift nachgezeichnet. Dann wird so realistisch wie möglich mit passenden Farben bunt ausgemalt und die Wolkenbänder um Jupiter und Saturn werden angedeutet. Die Zahl und der Name jedes Planeten werden ausgehend von seinem Anfangsbuchstaben abgeschrieben: (1) Merkur, (2) Venus, (3) Erde, (4) Mars, (5) Jupiter, (6) Saturn, (7) Uranus, (8) Neptun, (9) Pluto. Nun werden die astronomischen Symbole nachgezeichnet, indem die vorherigen Farben verwendet werden. Die Bildunterschrift lautet: „Die Familie der Planeten".

Arbeitsblatt 2: Die Symbole der Planeten (➛ S. 73)

Die Kinder versuchen zuerst die beiden folgenden Spiele aus dem Gedächtnis heraus zu machen. Wenn nötig, schauen sie sich die entsprechenden Unterlagen an.

Erstes Spiel: Jedes Symbol wird, nachdem es erkannt worden ist, mit einem Kästchen ummalt, unter das zwei Räder gezeichnet werden (es können wieder die Farben benutzt werden, die bereits im vorherigen Arbeitsblatt zum Einsatz kamen). Die „Wagons" werden dann ab der Lokomotive „Sonne" aneinander gehängt, wobei die Reihenfolge der Planeten beachtet wird. Es folgt die Bildunterschrift: „Der kleine Sonnenzug".

Zweites Spiel: Unter Beachtung der „Fälschungen" sollen die Symbole herausgesucht werden, die zur Sonnenfamilie gehören

Sie werden mit buntem Filzstift eingerahmt. Die Bildunterschrift lautet: „Das Haus des Mondes“.

Arbeitsblatt 3: Die Namen der Planeten (➛ S. 75)

Hängen Sie für diese beiden Spiele die Namen und Bilder jedes Mitgliedes der Sonnenfamilie auf (außer, die Kinder sind bereits fähig, alleine die Wörter zu lesen).

Erstes Spiel: Nachdem jeder Name erkannt wurde, wird er unterstrichen und dann mit einem Pfeil in der gleichen Farbe dem entsprechenden Symbol zugeordnet. Dann die Bildunterschrift „Eine Angelpartie“ abschreiben.

Zweites Spiel: Bezug nehmend auf jeden Wochentag wird der dazugehörige Planet gesucht und beide werden durch einen bunten Strich verbunden. Die Bildunterschrift lautet: „Das sieht bekannt aus“.

Arbeitsblatt 4.1/4.2: Ein Komet (➛ S. 115)

Oberer Bildteil: Mit einem hellblauen Filzstift werden der Kometenkern und der Gasschweif verbunden, Koma und Staubschweif mit der Farbe Grau zuordnen. Die einzutragenden Begriffe lauten: Kopf, Schweif, Kern, Koma, Plasma, Staub. Dann die Bildunterschrift: „Die Reise des Kometen im Raum“ schreiben.

Unterer Bildteil: Die Sonne mit einem gelben Filzstift ergänzen. Mit Blau und Grau die Verwandlung des Kometen malen (dabei gut auf die Entwicklung des Schweifes und seine Ausrichtung in Bezug auf die Sonne achten). Das Ende der Bildunterschrift: „Sein Schweif bildet sich, wenn er sich der Sonne nähert und zeigt immer in die entgegengesetzte Richtung“ abschreiben.

Arbeitsblatt 5: Laufbahnen in Form einer Ellipse (➛ S. 131)

Oberer Bildteil: Bevor die Umlaufbahnen nachgezeichnet werden, muss die Länge des benutzten Fadens genau geprüft werden – in Bezug auf die angefertigte Kopie (seine Länge entspricht der Länge des Fadens, der auf der Vorlage abgebildet ist). Die Kopie auf ein Stück (glatten) Karton oder Styropor legen. Je eine Nadel in die beiden Brennpunkte „1" stecken, dann eine dritte provisorisch in die Spitze des auf dem Blatt aufgezeichneten Bleistifts. Ein Fadenende an die Nadel im linken Brennpunkt binden; den Faden hinter der dritten Nadel durchlaufen lassen und dann um die Nadel im rechten Brennpunkt schlingen; den Faden leicht spannen und dann festbinden und das überstehende Stück abschneiden. Der gleiche Faden dient für alle drei Ellipsen. Die dritte Nadel entfernen und durch einen Bleistift ersetzen. Mit dem Malen der ersten Ellipse beginnen (sie entspricht in etwa der gepunkteten Ellipse); mit einer leuchtenden Farbe nachmalen, ebenso ihre beiden Brennpunkte; die Zahl 1 schreiben und diese mit einem Pfeil versehen. Den Vorgang noch einmal wiederholen, indem die beiden Nadeln zuerst auf den Brennpunkt „2" und dann „3" gesetzt werden.

Mittlerer Bildteil: Die Sonne in einem der Brennpunkte gelb ausmalen, dann den Kometen in den Farben Blau und Grau auf seiner Umlaufbahn (Achtung: Ausrichtung und Länge des Schweifes beachten). Schreiben: „1. Brennpunkt" und „2. Brennpunkt". Auf die Laufbahn einige Pfeile mit Bleistift zeichnen.

Unterer Bildteil: Den gleichen Vorgang wiederholen, dabei den Kometen durch den Planeten Erde ersetzen. „Sonne" und „Erde" dazuschreiben.

Arbeitsblatt 6: Veränderbare Geschwindigkeiten (➛ S. 135)

Oberer Bildteil: Die Sonne farbig in den Brennpunkt malen, dann den Kometen auf die Ellipse. Pfeile in abnehmender Länge zeichnen, die längsten in der Nähe der Sonne, die kürzesten am entgegengesetzten Ende. Entsprechend: „Höchste Geschwindigkeit" und „Niedrigste Geschwindigkeit" schreiben.

Unterer Bildteil: Die Planeten des Sonnensystems malen und dabei die Farben von Arbeitsblatt 1 (➛ S. 209) verwenden. Die Symbole mit Bleistift zeichnen, dann ab Merkur die Pfeile, die die Geschwindigkeit angeben, entsprechend den Orientierungspunkten einzeichnen.

Arbeitsblatt 7: Sich entsprechende Oberflächen (➛ S. 139)

Oberer Bildteil: Wie zuvor Sonne und Komet auf ihren Laufbahnen zeichnen. In Rot das linke „Blinklicht" anmalen, das rechte in Blau. Mit Bleistiftpunkten in jeder Zeichnung den Sand in der Sanduhr andeuten (Sand, der gerade hinunter läuft oder schon hinunter gelaufen ist). Entsprechend daneben schreiben: „Umgedrehte Sanduhr" und „Stopp!". Mit dem Bleistift die beiden in diesem Versuch enthaltenen Oberflächen umzeichnen und dann in die Ellipse und auf dem Niveau jeder Oberfläche drei Pfeile eintragen, deren Länge der Geschwindigkeit des Kometen entspricht.

Mittlerer Bildteil: Die beiden Teile des Kuchens bunt anmalen. Die beiden Waagschalen im Gleichgewicht zeichnen und den somit senkrechten Anzeigepfeil. Auf den Sockel „Waage" schreiben.

Unterer Bildteil: Eine Farbe auswählen und fünf Bonbons (zusammen) auf die linke Oberfläche legen, dann fünf Bonbons auf die rechte Oberfläche. Neben jede Oberfläche die Zahl 5 schreiben und dazu ein Bonbon malen. Eine neue Farbe nehmen und den Vorgang wiederholen, bis alle Karos ausgefüllt sind (ganz oder fast). Das Ergebnis muss auf beiden Seiten etwa gleich sein.

Arbeitsblatt 8: Sternbilder (➛ S. 175)

Die Kinder können alleine und ohne Hilfe versuchen, den „Großen Bären", den „Kleinen Bären", den „Polarstern" und dann „Kassiopeia" zu finden – mit Hilfe des Punktes, der in der Mitte des Kreises um ihre Sterne ist. Sie verbinden die Sterne mit einem Bleistiftstrich, dann malen sie jedes Sternbild in einer anderen Farbe an. Anschließend finden sie mit Hilfe eines Modells, das an die Tafel gehängt wird, den „Drachen, „Kepheus", die „Giraffe" und den „Luchs" (teilweise) und beenden die Arbeit in der gleichen Art und Weise. Sie schreiben die Namen dieser Sternbilder ab, ebenso die Bildunterschrift: „Sternbilder".

Arbeitsblatt 9: Verschiedene Sternarten (➛ S. 178)

Die verschiedenen Sterne nachzeichnen und bunt anmalen, dann ihre Namen schreiben: „Brauner Zwerg", „Weißer Zwerg", „Mittlerer Stern" (gelb), „Blauer Riese", „Roter Riese". Das Gleiche gilt für die Doppelsterne (den größten der beiden in Gelb malen, die anderen in orange oder braun). Den „Veränderlichen Stern" (orange) malen und die Zeichnung mit Pünktchen beenden, um die beiden äußeren Kreise der beiden Durchmesser anzugeben. Den „Kugelsternhaufen" vervollständigen (orange Sterne) und den „Offenen Haufen" (Blaue Sterne). Die Bildunterschrift: „Die verschiedenen Sternarten" abschreiben.

Arbeitsblatt 10: Das „Leben" der Sterne (➛ S. 181)

Das Arbeitsblatt zeigt parallel und in vertikalem Aufbau die Entwicklung eines „Mittleren Sterns" (gelb) auf der linken Seite und eines „Blauen Riesen" auf der rechten. Es gibt zwei Möglichkeiten, das Arbeitsblatt auszufüllen: Entweder beachtet man zuerst den „Lebensablauf" des Mittleren Sterns und dann den des Blauen Riesen – oder man schaut sich jeweils die aufeinander folgenden Stadien ihrer Entwicklung an. (Die folgenden Angaben beziehen sich auf die zweite Vorgehensweise, um Wiederholungen zu vermeiden).

Die beiden Sterne in ihrem „Geburts“moment zeichnen und bunt anmalen, ihren Nebel um sie malen (pastellfarben), dann in den beiden Phasen „Erwachsener Stern“ und „Roter Riese“ malen. Anschließend trennen sich ihre Schicksale: Links wird der Mittlere Stern zu einem „Veränderlichen Stern“, dann ein „Weißer Zwerg“ (➛ Arbeitsblatt 9); rechts wird der Blaue Riese zu einer „Supernova“ (wird ohne Explosion durch orange Striche dargestellt und hat am äußeren Rand Farben, die an den Nebel erinnern), dann ein „Pulsar“ (seine Drehung wird durch Bleistiftpfeile dargestellt) und letztendlich ein „Schwarzes Loch“ (eine Bleistiftspirale). Die Bildüberschrift lautet: Das „Leben“ der Sterne.

Arbeitsblatt 11: Die Milchstraße, unsere Galaxie (➛ S. 194)

Oberer Bildteil: Den mittleren Kreis mit orangenen Punkten ausfüllen. Sie stellen die im Kern der Galaxie gruppierten Sterne dar. Blaue und gelbe „Sterne“ auf die vier „Spiralarme“ ab dem Kern verteilen: hauptsächlich blaue Sterne in den beiden Spiralarmen mit den enger stehenden Punkten einzeichnen, hauptsächlich gelbe in die beiden anderen. Mit dem Bleistift, aber ohne allzu fest aufzudrücken, am Rand der beiden Spiralen mit den blauen Sternen „Plasma-„ und „Staubwolken“ einzeichnen. Die Bildüberschrift: „Unsere Galaxie von vorne gesehen“ abschreiben.

Unterer Bildteil: Wie zuvor den „zentralen Wulst“ mit orangenen Sternen ausmalen, dann den Rest der Scheibe mit blauen und gelben Sternen. Von einem Ende zum anderen ein dünnes Gas- und Staubband einskizzieren. Mit einem Pfeil angeben, wo sich die Sonne befindet. Die Bildüberschrift lautet: „Im Profil“.

Arbeitsblatt 1

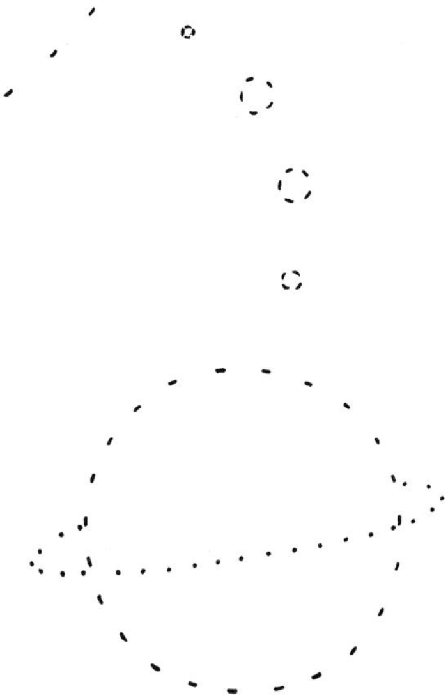

... **M** ....

... **V** ....

... **E** ....

... **M** ....

... **J** ....

... **S** ....

... **U** ....

... **N** ....

... **P** ....

....

....

Arbeitsblatt 2

Mit den Symbolen der Sonnenfamilie spielen

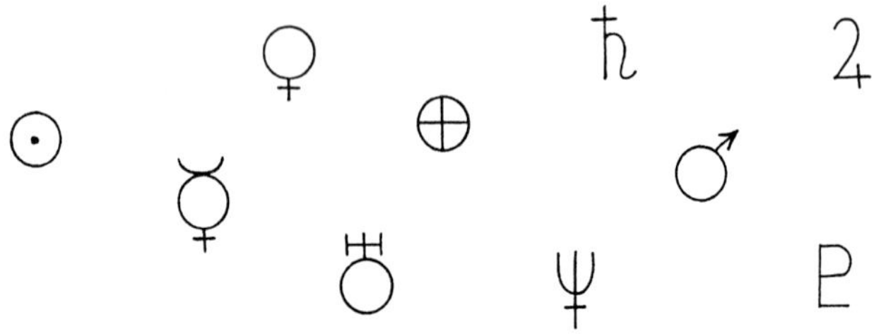

1. Spiel ....

....

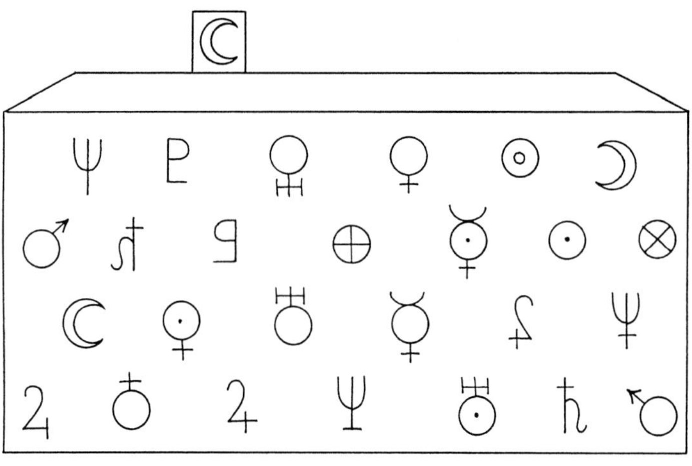

2. Spiel ....

....

Arbeitsblatt 3

Mit den Namen der Sonnenfamilie spielen

Sonne Merkur Venus

Erde Mond Mars

Jupiter Saturn Uranus

Neptun Pluto

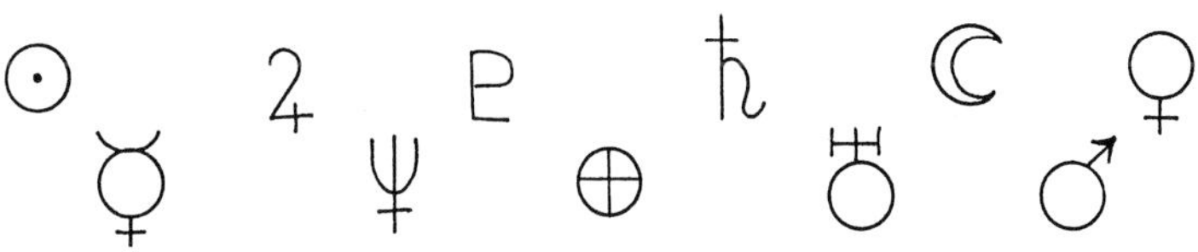

1. Spiel ....

....

Montag
Dienstag
Mittwoch
Donnerstag
Freitag
Samstag
Sonntag

Sonne
Venus
Mond
Jupiter
Uranus
Pluto

Merkur
Erde
Mars
Saturn
Neptun

2. Spiel ....

....

Arbeitsblatt 4.1

P..................

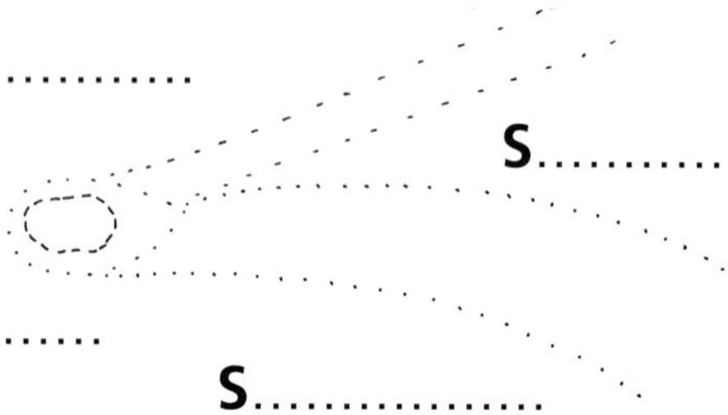

S..................

K......

K..................

S..................

K..................

....

....

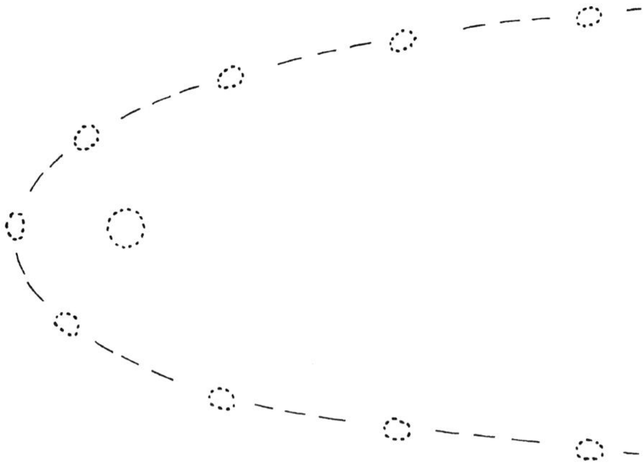

....

....

....

....

Arbeitsblatt 4.2

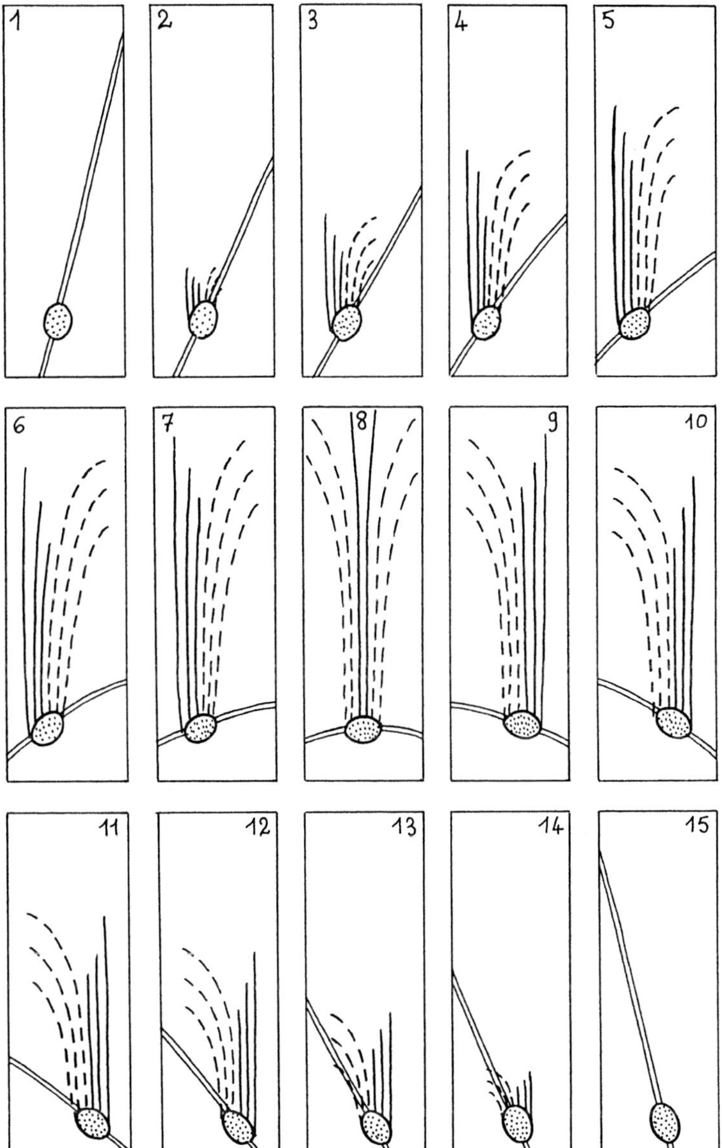

Arbeitsblatt 5

Spiel der Himmelsmechanik (I)

1. Zeichne drei Ellipsen, indem du die Nadeln versetzt

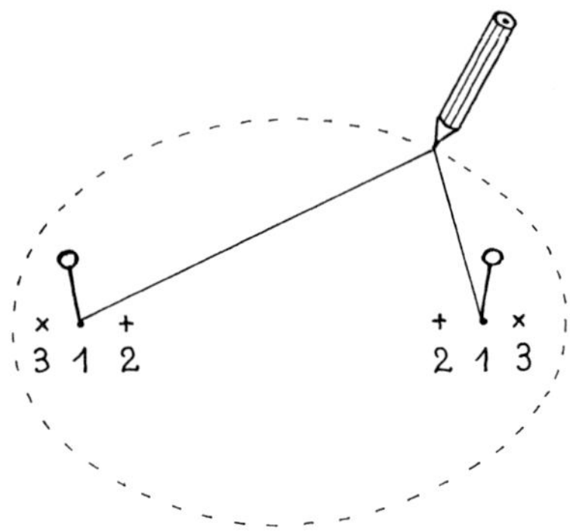

2. Ergänze das Schema mit der Umlaufbahn eines Kometen

3. Ergänze das neue Schema bezüglich der (fast runden) Umlaufbahn der Erde

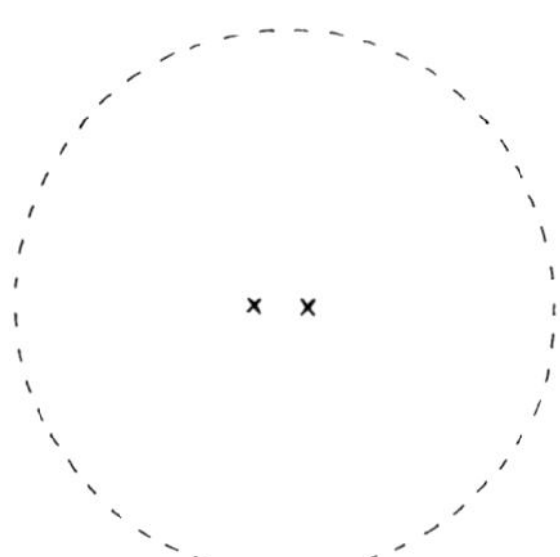

Arbeitsblatt 6

Spiel der Himmelsmechanik (II)

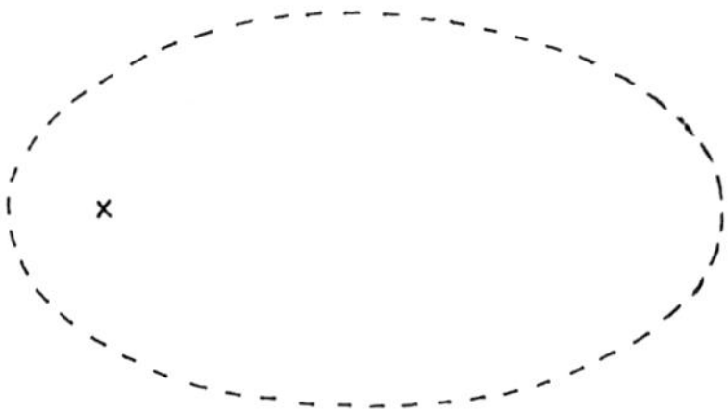

Stelle mit Pfeilen die wechselnde Geschwindigkeit des Kometen auf seiner Laufbahn dar

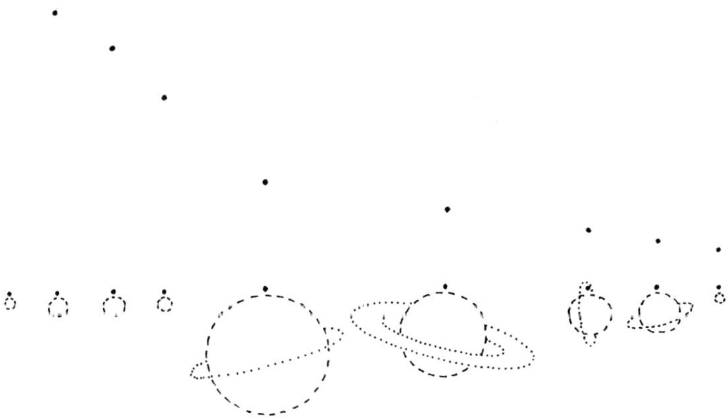

... und hier die mittlere Geschwindigkeit jedes Planeten in Bezug auf die anderen.

Arbeitsblatt 7

Spiel der Himmelsmechanik (III)

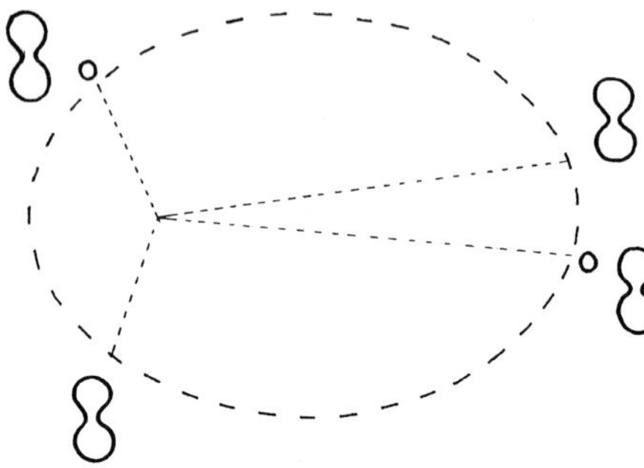

1. Versuch des Professor Astrolobus

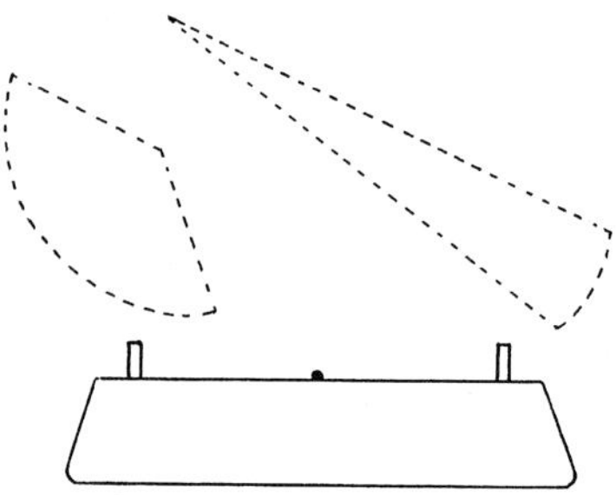

2. Das Wiegen der zwei Kuchenstücke von Frau Astrolobus

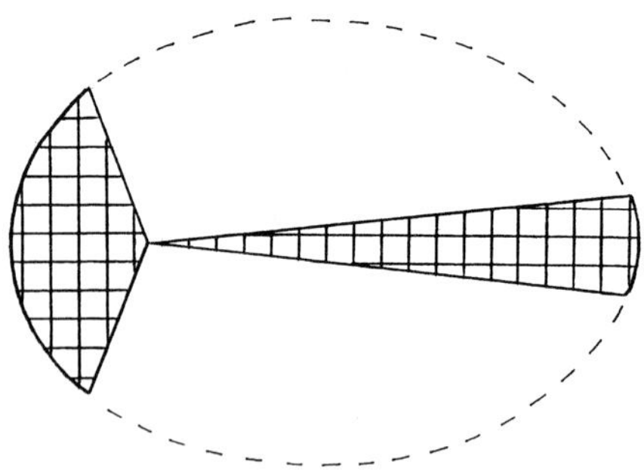

3. Die Bonbons auf den beiden „Hälften" des karierten Papiers werden ausgezählt

Arbeitsblatt 8

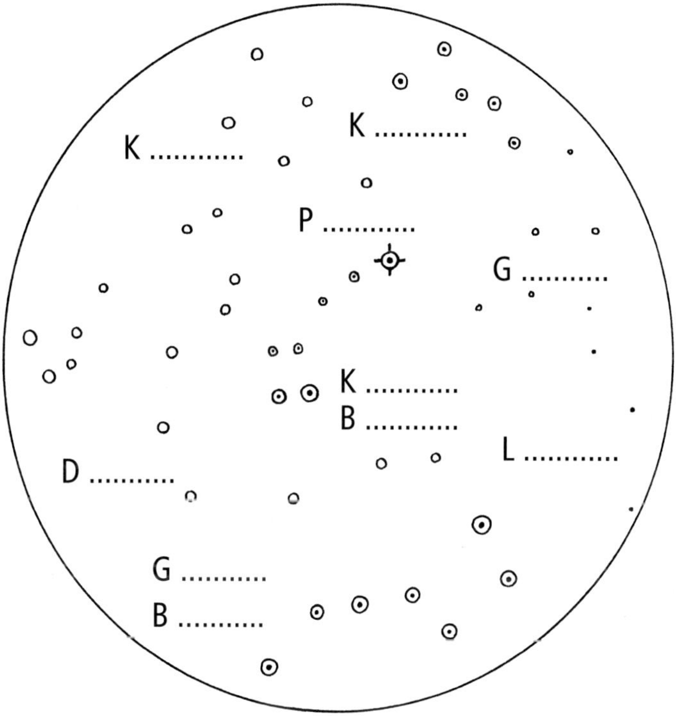

....

....

Arbeitsblatt 9

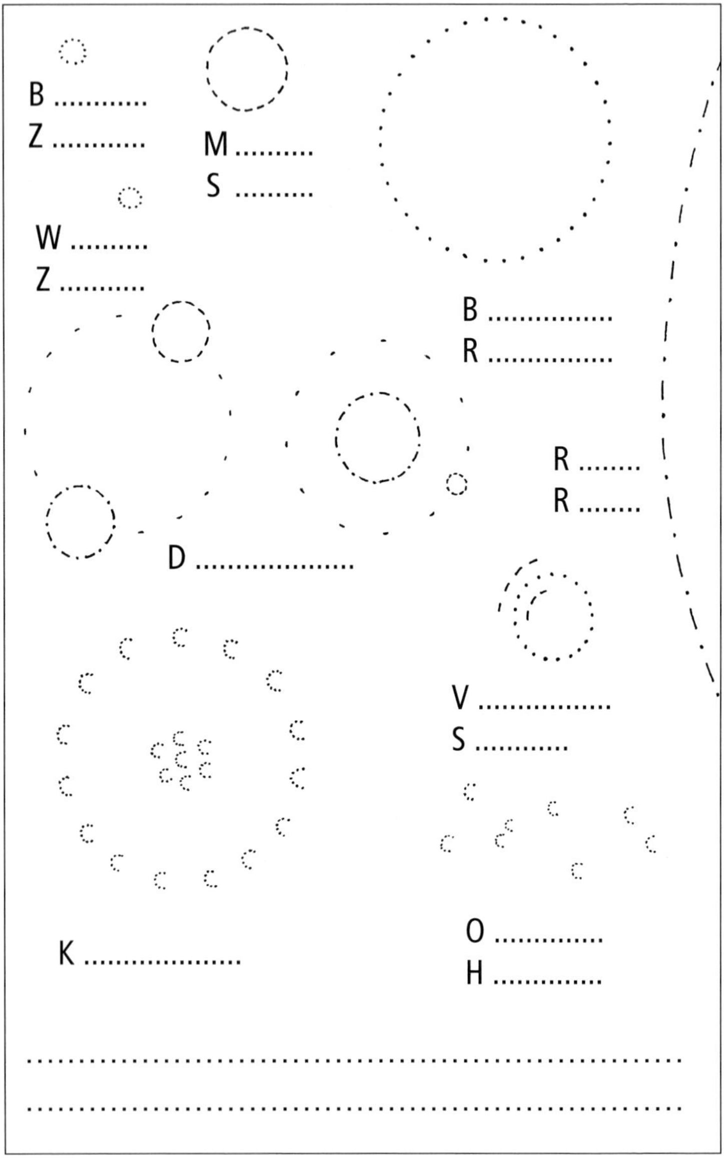

Arbeitsblatt 10

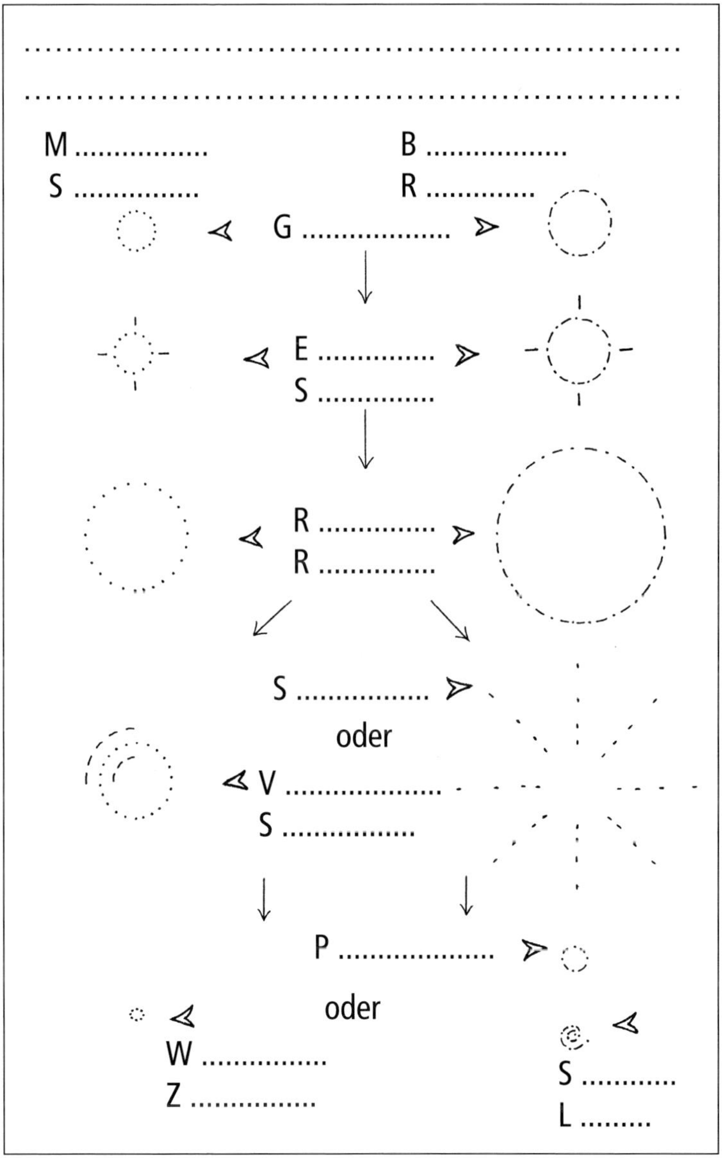

Arbeitsblatt 11

....

....

S ....

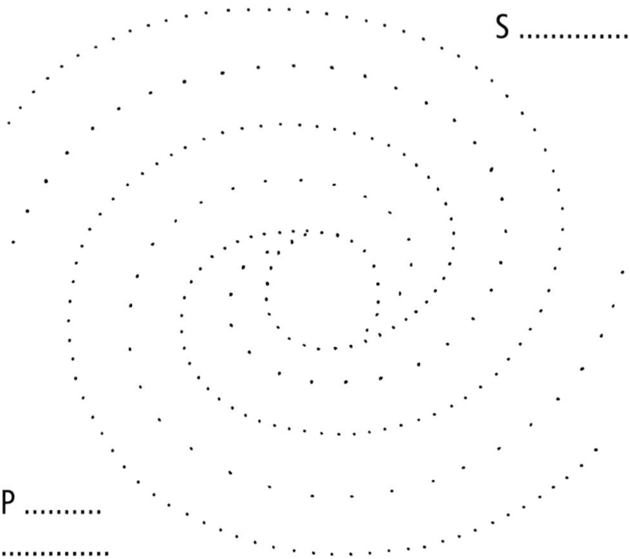

P ....

....

....

S ....

....

....

S ....

Z ....

W ....

Internettipps

www.hyaden.de/index1.htm
Die Seite beginnt wie folgt: „Hallo Reisender, willkommen auf der Seite Raumfahrt und Astronomie für Kinder. Mein Name ist Robby und ich werde euch hier auf den kommenden Seiten bei eurer Reise begleiten. Ich hoffe, dass euch der Inhalt einige offene Fragen beantworten wird und euch helfen wird." In kindgerechter Form werden alle wesentlichen Fragen zum Weltraum beantwortet, viele Links.

www.astronomie.de/kinder/astrokids/
Die Astronomie-Seite für Kinder zu den Themen Universum, Beobachten, Raumfahrt, Bastelecke, Inhalt, Bücherkiste, Frage-Ecke.

www.blinde-kuh.de/weltall/kometen.planetology.org
Auch hier viele Informationen für Kinder zum Sonnensystem.

Zum Projekt „La main à la pâte – Wissenschaft zum Anfassen":
www.bildungsserver.de/db/mlesen.html?Id=28596

Fotos

Alle Fotografien sind Eigentum des Autors, ausgenommen:

Seiten 23, 35, 156, 159, 160, 161: NASA

Seite 99: Êlie Granata

Seiten 143, 158: ESO

Quellen

Gilles Brulet, La Terre, Poèmes à l'àir libre, Hachette Jeunesse 1996

Gudin de la Brunellerie, Chant II (extrait), L'Astronomie 1810

Maurice Câreme, Comêtes, Vous êtes belles, La Grande Ourse, Almanach du ciel, Fondation Maurice Carême, Nathan 1973

Maurice Câreme, Vie heureuse (extrait), De plus loin que la nuit, Fondation Maurice Carême, Pierre Zech éditeur 1992

Paul Claudel, La Maison fermée (extrait), Odes, Gallimard 1957

Isidore Dalla Nora, Poèmes (extrait), recueils 14 et 16, Abbaye de Boscodon 1999

Charles de Foucauld, Voyageur dans la nuit, Nouvelle Cité 1980

Vital Heurtebise, Dialogue intérieur (extrait), Le Temps sublime, Nouvelle Pléiade 2000

Alphonse de Lamartine, Les étoiles (extrait), Nouvelle Méditations poétiques 1823

Charles-Marie Leconte de Lisle, Les Yeux d`or de la nuit (extrait) Dernier Poèmes 1886–1894

Dominique Legrain, extrait d'un poème inédit

Edgar Mitchell (et divers auteurs, sous la direction de Kevin W. Kelley), Claire de Terre, Bordas 1988

Jean-Luc Moreau, La Lune et le Soleil (extrait), Poèmes de la souris verte, Hachette Jeunesse 1992

Arthur Rimbaud, Ma Bohème (extrait), Poésies, Gallimard 1965

Claude Roy, La Grand Ourse et le Petite Ourse (extrait), Enfantasques, Gallimard 1979

Antoine de Saint-Exupéry, Le Petit Prince, Gallimard 1946

Rabindranath Tagore, Poème n° 60 (extrait), L'Offrande lyrique, Gallimard 1963

Trinh Xuan Thuan, La Mélodie secrète, Fayard 1988

Voltaire, Épître LI (extrait), in Épître à Madame la Marquise du Châtelet 1736

Literatur

Pierre Bourge et Jean Lacroux, Oberserver le ciel à l'oeil nu et aux jumelles, Bordas 1997

André Brahic, Les Enfants du Soleil, Odile Jacob 1999

Serge Brunier et Philippe de la Cotardière, Éclipses, les rendez-vous célestes, Bordas 1999

Michel Cassé, Petite Étoile, Odile Jacob 1999

Georges Charpak, La main à la pâte, Flammarion 1996

Yves Coppens, Hubert Reeves, Joel de Rosnay et Dominique Simonet, La Plus Belle Histoire du monde, Éditions du Seuil 1996

Albert Ducrocq, Mémoires d'une comète, Plon 1985

Philippe de la Cortadière et Roger Derlet, La Grand Livre du ciel, Bordas 1999

Marc Lachièze-Rey et Jean Pierre Luminet, Figures de ciel, Bibliothèque nationale de France/Éditions du Seuil 1998

Pierre Léna (sous la direction de), Les Sciences du ciel, Flammarion 1996

Jean-Pierre Luminet, Les Poètes et l'Univers, anthologie, Le Cherche-Midi éditeur 1996

Jean-Claude Pecker, L'Astronomie, qu'est-ce que c'est?, Ophrys, collection dirigée par le Palais de la Découverte 1987

Hubert Reeves, Patience dans l'azur, Éditions du Seuil 1981

Hubert Reeves, Poussières d'étoiles, Éditions du Seuil 1984

Trinh Xuan Thuan, Le Chaos et l'Harmonie, Fayard 1998

Alfred Vidal-Madjar, Il pleut des planètes, Hachette 1999

Von **Hubert Reeves** finden Sie auf Deutsch folgende Bücher:
Die schönste Geschichte der Welt (2000)
Schmetterlinge und Galaxien (1996)
Sonne. „Um das Gestirn ein Licht …" (1992)
Die kosmische Uhr. Hat das Universum einen Sinn? (1989)
Wunder Universum. Die Entwicklung des Kosmos und die Zukunft des Menschen (1986)
Woher nährt der Himmel seine Sterne? Die Entwicklung des Kosmos und die Zukunft der Menschen (1983)

Von **Rabindranath Tagore** können „Der zunehmende Mond", „Fruchtlese" und „Die Gabe der Liebenden" in seinem Gesamtwerk nachgelesen werden. In Antiquariaten findet man noch die Originalausgaben.

Das Grundlagenwerk zu „La main à la pâte – Wissenschaft zum Anfassen" von **Georges Charpak** sowie der erste Band von „Astronomie – ein Kinderspiel. Sonne, Erde, Mond" von **Mireille Hartmann** sind 2006 erstmals in deutscher Sprache im Beltz-Verlag erschienen.